查干凹陷中生代热体制及油气资源评价

左银辉 著

科学出版社

北京

内 容 简 介

本书系统阐述沉积盆地现今地温场、构造-热演化史、生烃史、排烃史、成藏期次及资源评价的基本原理和方法,将地热学、构造地质学、石油地质学及地球化学有机结合在一起,形成一套适用于中生代断陷盆地热体制及油气资源评价的研究方法及理论体系。

本书主要供从事沉积盆地热体制、油气勘探、盆地分析、资源评价、盆地模拟研究的科研人员以及高等院校有关专业的师生参考,也可供对此感兴趣的其他人员阅读。

图书在版编目(CIP)数据

查干凹陷中生代热体制及油气资源评价/左银辉著. —北京:科学出版社,2015.11

ISBN 978-7-03-046273-2

Ⅰ.①查… Ⅱ.①左… Ⅲ.①沉积盆地–油气藏–资源评价 Ⅳ.①P618.13

中国版本图书馆 CIP 数据核字(2015)第 268003 号

责任编辑:杨 岭 黄 桥/责任校对:李 娟
责任印制:余少力/封面设计:墨创文化

科 学 出 版 社 出版
北京东黄城根北街 16 号
邮政编码:100717
http://www.sciencep.com

成都创新包装印刷厂 印刷
科学出版社发行 各地新华书店经销

*

2015 年 11 月第 一 版 开本:720×1000 1/16
2015 年 11 月第一次印刷 印张:9 1/4
字数:200 000

定价:75.00 元
(如有印装质量问题,我社负责调换)

序

  石油天然气是人类社会发展的主要能源，并已成为当今世界经济、政治、军事角力的热点核心。随着我国国民经济的快速发展，油气资源供需矛盾日显突出，它直接关系到国家的经济安全、社会稳定和全面建设社会主义目标的实现。如何寻找油气资源接替区，提高我国油气资源保障能力，是我国国民经济可持续发展的重大战略任务。为了落实这个战略任务，在开展低勘探大型盆地油气资源评价的同时，对低勘探中小盆地油气资源进行评价亦具有十分重要的意义。

  沉积盆地热体制是盆地分析和石油地质学领域的基础和难点问题之一，也是国际地学研究热点之一。研究盆地热体制的意义在于更全面地评价盆地烃源岩生、排、运、聚等对应的地质时间。油气的生成与富集是在一定的温度和深度条件下，经历漫长地质时期演化的结果。在漫长地质历史中，区域地热可能有所变化，生油岩系可能也会随着空间位置以及其他条件的变化，遭受复杂的热历史，这将导致生油岩系经历复杂的生烃过程，从而影响油气排出和运移、油气成藏关键时期及油气藏在空间的分布等。因此，盆地热体制与油气有着十分密切的联系。

  银-额盆地是我国陆地少有的油气勘探工作程度较低的中小型沉积盆地，也是内蒙古三大盆地(海拉尔盆地、二连盆地、银-额盆地)中油气勘探最低的盆地。2009年中国石化集团中原油田分公司以中生代沉积地层最厚、认为最具勘探潜力的查干凹陷为突破口，寻找白垩系的油气资源。截至2014年年底，已经发现地质储量超过6000万t，发现吉祥和如意两个油田，证实查干凹陷具有较好的勘探前景。但是，作为油气资源评价及勘探中重要的、基础工作之一的热体制的研究存在古温标少且不系统等主要问题，难以恢复该地区的热历史，导致对该凹陷烃源岩主生烃期和生烃结束的地质时间认识不统一，进而影响对油气成藏规律的正确认识，并制约着油气的勘探。因此，该书作者通过系统测试典型井的磷灰石裂变径迹和镜质体反射率，采用正、反演耦合的方法厘定查干凹陷的热历史。并以此为基础，恢复了该凹陷的成熟度史、生烃史、排烃史及成藏史，计算出不同构造单元、不同地质时期的生烃量、排烃量和资源量。

  该书研究内容包括：查干凹陷烃源岩特征研究，现今地温场分析、中生代热史研究，凹陷埋藏史、生烃史、排烃史恢复，油气成藏期次确定及凹陷油气资源潜力评价与勘探方向预测等。

  该书系统阐述了研究沉积盆地热体制的理论与方法，坚持以沉积盆地热体制为基础，将地热学、构造地质学、石油地质学及地球化学等多学科有机结合在一起，利用先进的盆地模拟技术评价复杂中生代断陷盆地的油气资源潜力。

该书有以下创新点：首先在方法方面，提出岩石热导率原位校正的新方法，在地温梯度的计算中，针对不同地温资源提出不同的计算方法；其次是提出查干凹陷火山岩活动对烃源岩的影响是通过岩浆岩含丰富反射性元素的加热作用、地壳拉张减薄及地幔上涌带来大量热量等，热作用形成统一的高古地温场，对三套烃源岩统一加热，导致烃源岩成熟度增加具有明显的线性关系及较浅的古生烃门限深度；再次是揭示了查干凹陷白垩纪至今的热史，经历了地温梯度快速增加阶段(K_1b-K_1s)、地温梯度高峰阶段(K_1y)、高地温延续阶段(K_2w)和热沉降阶段(Cz)四个阶段。

专著全面论述了查干凹陷中生代热体制及油气资源评价，其理论与实践，除了对查干凹陷进一步深化勘探与开发具有重要意义外，也为类似盆地的热体制及油气资源潜力评价亦提供了相关理论与方法。

左银辉教授长期从事沉积盆地先进地温场、沉积盆地热体制、油气资源评价、油气成藏机理和地球动力学方面的科研与教学工作，在盆地热体制与油气资源相结合方面成绩尤为突出，曾在国内外发表许多沉积盆地热体制、油气资源评价等方面的论著，是我国盆地热体制与油气资源领域造诣显著的年青学者。

值该专著问世之际，特为序表示祝贺。

2015 年 6 月 8 日

前　言

我国是石油消耗大国之一，现在一半以上的原油($>2\times10^8$t)依赖进口。传统的大型油田都面临着减产，油气产量的减少严重制约着国民经济的发展。为了解决这一问题，在陆上，加大中生代断陷盆地的资源调查，寻找油气产量的接替区具有重要意义。内蒙古银根-额济纳旗盆地(中生界有效沉积岩分布面积为10.4×10^4km^2)、二连盆地(约10.0×10^4km^2)、海拉尔盆地(约7.1×10^4km^2)。勘探已经证实在中生代断陷盆地具有一定量的油气资源，海拉尔盆地探明储量已经超过10×10^8t，二连盆地和海拉尔盆地的年产量都已经达到上百万吨。内蒙古三大盆地中银根-额济纳旗盆地(简称银-额盆地)勘探程度最低。2009年开始，中国石化集团公司中原油田分公司以中生代沉积地层最厚、认为最具勘探潜力的查干凹陷作为突破口，寻找白垩系的油气资源，截至2014年年底，查干凹陷共有86口探井，几乎每口井都有丰富的油气显示，多口井获得工业油气流，探明石油储量630万t，控制石油储量2011万t，预测石油储量3508万t，地质储量6149万t，发现两个新油田——吉祥油田和如意油田，证实查干凹陷具有较好的勘探前景。查干凹陷勘探的突破将指导银-额盆地其他构造单元的油气勘探。但是在勘探中仍存在一些问题制约着勘探的进程，其中盆地的热体制方面(包括现今地温场和热史)的研究相当薄弱，这严重制约了对查干凹陷成熟度史、生烃史、排烃史、成藏期次及资源潜力等方面的正确认识。

研究沉积盆地热体制的意义在于更全面地评价盆地内烃源岩生、排、运、聚等对应的地质时间。油气的生成与富集是在一定的温度和深度条件下，经历漫长地质时期演化的结果。在漫长地质历史中，区域地热可能有所变化，生油岩系可能也会随着空间位置以及其他条件的变化，遭受复杂的热历史，这将导致生油岩系经历复杂的生烃过程，从而影响油气排出与运移，以及油气成藏关键时期和油气藏在空间的分布等。因此，盆地热史的研究是正确认识油气成藏及其演化的重要科学依据之一，也是沉积盆地油气资源评价不可或缺的基础工作之一。

因此，本书系统阐述研究沉积盆地热体制的理论与方法，主要包括现今地温场和热史。在现今地温场研究中，包括岩石热导率和生热率的测试、岩石热导率原位校正，首次建立了查干凹陷中生代不同地层的岩石热导率和生热率柱子，为内蒙古地区中生代断陷盆地的相关研究提供岩石热物性参数；在热史研究中，利用磷灰石裂变径迹和镜质体反射率古温标进行约束，多温标耦合反演相结合的方法恢复研究区的热史，再利用包裹体均一温度进行验证。另外，书中坚持以沉积盆地热体制为基础，将地热学、构造地质学、石油地质学及地球化学有机结合在一起，利用先进的盆地模拟技术进行复杂的中生代断陷盆地油气资源潜力的评价，其结果可信度相对较高。

全书主要包括以下六个方面的内容及成果与认识。

(1) 对查干凹陷下白垩统三套烃源岩进行了评价，指出巴二段为最重要的烃源岩层，为中等—好烃源岩；其次为巴一段烃源岩，为中等烃源岩；苏一段烃源岩最差，为差等烃源岩。

(2) 对查干凹陷现今地温场进行了系统研究，提出岩石热导率原位校正的新方法，并揭示出该凹陷具有构造稳定区和构造活动区之间的中温型地温场特征，其平均地温梯度和大地热流分别为 33.6℃/km，74.5mW/m²；地温梯度与大地热流分布具有相似性，均呈现毛敦次凸最高，东部次凹次之，西部次凹最低的特征；其分布不仅与基底埋深相关，还与查干凹陷区较厚的沉积盖层和凹陷四周凸起之间产生的"热折射"效应作用有关。

(3) 对查干凹陷的中、新生代热史进行了恢复，揭示出该凹陷经历了四个演化阶段：巴音戈壁组至苏红图组沉积时期(K_1b—K_1s)地温梯度快速增加阶段，地温梯度由巴音戈壁组沉积开始的 42～47℃/km 逐渐增加至苏红图组沉积末期的 46～52℃/km；银根组沉积时期(K_1y)为地温梯度高峰阶段，此时地温梯度达到 50～58℃/km；乌兰苏海组沉积时期(K_2w)为高地温延续阶段，由于乌兰苏海组较厚的新沉积物具有低的岩石热导率，使得在乌兰苏海组的地温梯度略有升高，在中晚期构造抬升，地温梯度又开始降低，该时期地温梯度为 39～48℃/km；新生代(Cz)为热沉降阶段，此阶段主要受喜马拉雅构造运动的影响，查干凹陷主要处于抬升剥蚀期，新生代沉积较薄，地壳处于均衡调整期，地温梯度逐渐降低，现今为 31～34℃/km。

(4) 以热史及现今地温场为基础，对查干凹陷的生、排烃史进行恢复，结果显示该凹陷烃源岩的热演化受古地温梯度控制，在银根组沉积末期成熟度达到最大，随后停止生烃；并且三套烃源岩的生、排烃史存在差异：巴一段和巴二段烃源岩表现为苏红图沉积期和银根组沉积期两期生、排烃高峰期，而苏一段烃源岩表现为银根组沉积时期一期生、排烃高峰。

(5) 以单井精细的埋藏史和热史为基础，利用包裹体均一温度明确了查干凹陷油气成藏期次，该凹陷主成藏期为早白垩世苏红图组沉积时期和银根组沉积时期。

(6) 利用盆地模拟的方法，对查干凹陷的油气资源潜力进行了评价，结果显示查干凹陷资源量为 2.39×10^8t。苏一段油气资源量为 0.26×10^8t，巴二段为 1.67×10^8t，巴一段为 0.46×10^8t；西部次凹的油气资源量为 2.23×10^8t，占凹陷的资源量的 93%，东部次凹的油气资源量为 0.16×10^8t，占凹陷资源量的 7%。

　　本书定稿承蒙丘东州研究员以予富阅，提出宝贵意见，并特为作序，在此表示衷心感谢。在编写过程中，得到了中原油田焦大庆、谈玉明、马维民、国殿斌、苏惠、彭君、李新军、王德仁、张放东、常俊合、邓已寻、蒋飞虎、张云献、王学军和成都理工大学罗小平等专家的指导；在资料整理中，得到了李新海、徐深谋、李建国、王亚明、高霞、周艳、谢彩虹等的帮助，在此一并表示诚挚的谢意！

　　由于作者的学识和能力有限，疏漏与不足之处在所难免，恳请读者批评指正。

左银辉
2015 年 6 月

目　录

第1章 区域地质概况及勘探历程

1.1 区域地质背景

查干凹陷位于内蒙古银根-额济纳旗盆地(简称银-额盆地)东部查干德勒苏拗陷的中部,是一个长轴呈北东向的典型的箕状凹陷,凹陷基底最大埋深为6400m,沉积地层由白垩系和新生界组成。银-额盆地为一中生代沉积盆地,由7个拗陷和5个隆起组成(图1.1),目前仅在居延海拗陷和查干德勒苏拗陷发现油气流。

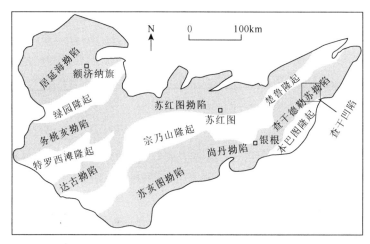

图 1.1 银-额盆地构造单元划分与查干凹陷地理位置示意图

查干凹陷处于西伯利亚板块南端与华北板块的碰撞缝合部位(图1.2)。凹陷北部紧邻恩格尔乌苏蛇绿混杂岩带,南部紧靠宗乃山-沙拉扎山火山弧南拼合线,东部边界为狼山左旋走滑大断层。查干凹陷是在这三条构造分界线所夹持的宗乃山-沙拉扎山晚古生代陆壳基底火山弧褶皱带上发育而成的陆内拉分凹陷,属陆缘-岩浆弧区,没有接受早古生代沉积,分布有晚古生代弧后盆地碎屑岩和碳酸盐岩沉积。晚海西运动结束了上述两大板块长期对峙的格局,开始了俯冲型造山作用和火山弧的建造,上古生界发生区域变质。查干凹陷周缘地表露头上石炭统为一套厚约1000m的火山岩和碎屑岩组合,受到不同程度的变质,部分变质为千枚岩、板岩,碳酸盐岩部分变质为结晶灰岩和大理岩。下二叠统为碎屑岩和碳酸盐岩组成的复理石建造,主要岩性为灰绿、深灰色砾岩、含砾砂岩、长石砂岩、长石石英砂岩、隐晶质灰岩和生物碎屑灰岩,厚度大于1680m。上二叠统为碎屑岩和火山岩组合。碎屑岩为浅灰、紫灰色砾岩、含砾长石砂岩夹紫红色含火山弹流纹质角砾熔岩、流纹质凝灰熔岩，角砾熔岩、斑岩、流纹岩和安山岩等，厚度大于 2400m，为一套陆相火山-磨拉石沉积。CC1 井钻遇的基岩属下二叠统浅变质的砂岩和板岩。

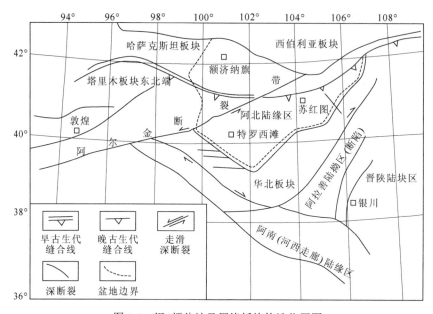

图 1.2　银-额盆地及周缘板块构造位置图

1.2　构　造　演　化

由于受燕山运动、喜马拉雅运动及阿尔金走滑断裂的影响，查干凹陷经历了早白垩世巴音戈壁组和苏红图组裂陷阶段，早白垩世银根组断拗过渡阶段，晚白垩世乌兰苏海组拗陷阶段及新生代构造反转阶段。

1.2.1　裂陷阶段

早白垩世图拉格断裂开始活动，此时与之伴生的还有北部的边界断层——虎勒断层；靠近盆地北部的巴润断层也随后形成，由于上述断裂发生较剧烈的呈北东向横向拉张与垂向沉陷，形成了西北断、东南超的半地堑型断陷，从而奠定了该凹陷早期的基本构造格架，接受了下白垩统巴音戈壁组沉积。沉积中心沿图拉格断层呈北北东向分布，此时凹陷水体较深，湖盆范围迅速扩大，是凹陷烃源岩和储集岩发育的重要时期。巴音戈壁组二段沉积时期，湖盆处于欠补偿状态，发育厚层暗色泥岩，是凹陷烃源岩发育的主要时期。另外，这时的粗碎屑也较发育，主要分布在毛敦侵入体西南端和图拉格断层与虎勒断层下降盘。

　　继 I 、 II 级断裂的活动后，巴润构造带受两级断裂走滑的控制，形成了一组左行雁列的III级剪张断裂系，该断裂系向西南交于巴润断裂之上，向东北呈发散状。在深部由于图拉格断裂构成的断面波呈犁形延伸，II 、III级断裂均在深部交汇于图拉格断面之上构成"Y"字形断裂组合。这种组合及其断裂活动引发了深部物质的上涌和喷发，形成了以苏红图组为代表的火山岩和碎屑岩的共生组合(图 1.3)。

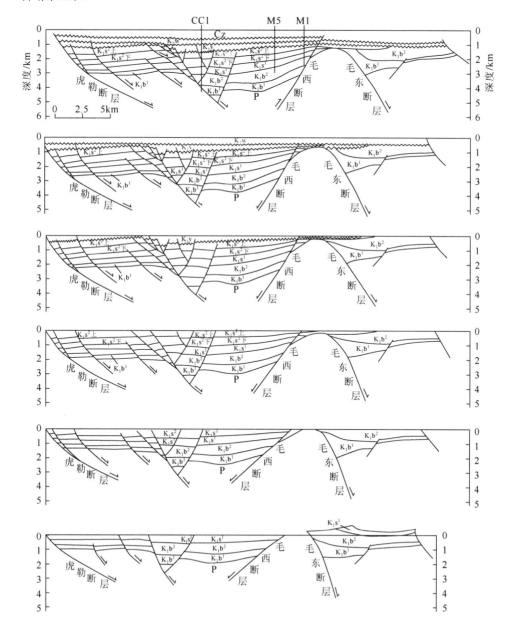

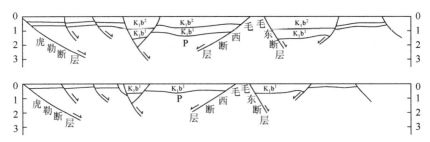

图 1.3　查干凹陷构造演化剖面

　　苏红图组沉积时期，发生强烈的火山活动，形成多个火山口，为一套粗碎屑沉积。早白垩世巴音戈壁期至苏红图期是查干凹陷全面发展阶段，但沉积充填特征存在差异：巴音戈壁组沉积时期不仅暗色泥岩发育，而且凹陷四周的粗碎屑沉积体也很发育；苏红图组沉积时期，粗碎屑沉积不发育，但火山活动强烈。苏红图组二段沉积时期，沉积中心已转向虎勒断层附近，说明这时以虎勒断层活动为主。

　　该阶段除频繁多期次岩浆喷发活动及沉积范围有所扩大以外，仍保持着前一阶段形成的北西断南东超的半地堑断陷的构造格局。

1.2.2　断拗过渡阶段

　　苏红图组沉积末期(燕山运动Ⅲ幕)是一次"改盆换性"的强烈构造运动。由于这次构造运动使巴音戈壁组、苏红图组卷入褶曲，在苏红图组沉积末期，该区处于上升剥蚀状态，结束了半地堑断陷的发育史，代之而来的是一种拗陷型沉积。银根组以区域性削截不整合形式与下伏地层接触。断裂活动至银根组沉积末期基本停止(图 1.3)。

1.2.3　拗陷阶段

　　燕山运动Ⅲ幕末期，凹陷边界断裂活动减弱，凹陷发生整体下沉，再度接受沉积。早期银根组沉积时期，沉积中心在凹陷中部 CC1 井附近，地层厚度向四周逐渐减薄，是断陷湖盆萎缩期典型的淤浅填平充填样式。到燕山运动Ⅳ幕早期，凹陷进入拗陷阶段，断裂停止活动，火山活动完全停止。此时沉降中心位于凹陷西南部，并接受了广泛的河流相沉积。

　　这一演化过程起于燕山运动Ⅳ幕，虽然以后经受了多期构造运动的影响，但始终处于上升萎缩变化之中，未改变拗陷型盆地的性质和特征(图 1.3)。

1.2.4　反转阶段

　　进入喜马拉雅构造旋回期后，查干凹陷受挤压抬升。在凹陷西南部和毛敦侵入体的南侧发育由两条逆冲断裂所夹持的挤压反转构造带——海力素冲断带和罕南冲断带(图1.3)。

构造沉积演化分析表明,研究区内的火山作用主要发生于苏红图组沉积时期,这些火山岩在垂向上可划分为多个旋回及期次。不同期次的火山作用共同造成了区内火山岩的广泛分布。

1.3　构造单元划分

查干凹陷沉积盖层为下白垩统、上白垩统和新生界,中生界缺失三叠系和侏罗系。图拉格断层、虎勒断层是该凹陷的西、北部边界,为同生正断层,是控制凹陷发育的主要断层。

查干凹陷是一个典型的箕状断陷,基底从南东向北西向、北东向南西向倾没,地层向南东、北东斜坡超覆,地层向北西、南西增厚加深,最后终止(超覆)在虎勒断层和图拉格断层之上。

从平面上看,查干凹陷外形不规则,是一个向北西外凸的扇形,走向北东—南西,轴长60km,最大宽度40km,面积约2000km^2。凹陷具有"两凹夹一凸"的特征,从西至东可分为:虎勒-额很次凹(西部次凹)、毛敦次凸(中央隆起带)和罕塔庙次凹(东部次凹)三个次级构造单元(表1.1,图1.4a、b)。

表 1.1　查干凹陷构造单元划分表

二级构造单元	三级构造单元	面积/km^2
西部次凹(1060km^2)	虎勒洼陷带	260
	巴润中央构造带	200
	额很洼陷带	240
	乌力吉构造带	230
	图拉格陡坡带	130
毛敦次凸(300km^2)	中央隆起带	300
东部次凹(640km^2)	罕塔庙洼陷	280
	五华单斜带	220
	海力素冲断带	140

构造基本呈北东向斜列展布的西部次凹(虎勒洼陷带、巴润中央构造带、额很洼陷带、乌力吉构造带、图拉格陡坡带)、毛敦次凸、东部次凹(罕塔庙洼陷、五华单斜带、海力素冲断带),呈洼凸相间的格局。下白垩统深浅层继承性发育,上白垩统及其以上地层呈简单的拗陷形态。

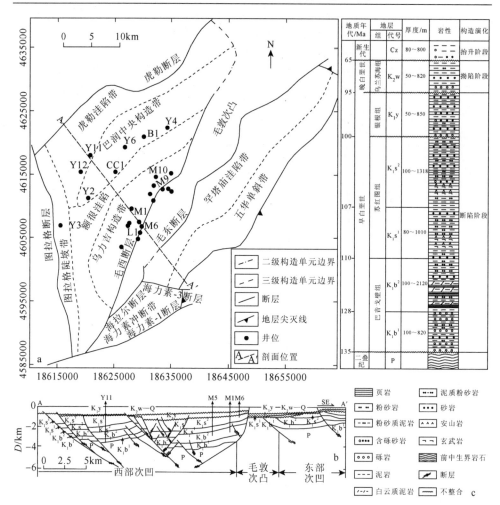

图 1.4 查干凹陷构造单元划分图

1.3.1 西部次凹

西部次凹是查干凹陷最大的构造单元，也是勘探程度最高的单元，面积1060km²，包括五个次级单元，分别是虎勒洼陷带、巴润中央构造带、额很洼陷带、乌力吉构造带、图拉格陡坡带。

1. 虎勒洼陷带

虎勒洼陷带位于凹陷的西北端，北界为虎勒断层，南到图拉格断层，西部深度大，向东逐渐抬升，面积260km²。基底最大埋深3600m。局部构造比较发育，圈闭类型较多。见有牵引构造，在虎勒断层附近，存在一些冲积扇类型的岩性及地层圈闭。

　　2. 巴润中央构造带

　　整体表现为受两个洼陷夹持的构造，面积 200km²。走向大体北东向。向北东逐渐抬升，构造类型有断鼻、断块等，北部构造圈闭发育，圈闭幅度高、面积小、断块多，南部在巴润断层两侧也发育构造圈闭。

　　3. 额很洼陷带

　　额很洼陷带位于巴润中央构造带和乌力吉构造带之间，面积 240km²，基底最大埋深 6000m，为查干凹陷的生烃中心。走向为北东—南西向，从北东至南西逐渐加深，范围增宽。

　　4. 乌力吉构造带

　　乌力吉构造带是在毛西断层上盘发育的一个正向构造，面积 230km²。走向北北东，紧邻凹陷的生油凹陷——额很洼陷带，是油气聚集的有利构造带。

　　5. 图拉格陡坡带

　　图拉格陡坡带沿图拉格大断层发育系列小型断鼻构造，Y3 井揭示该区的物源来自西南部，发育水下扇等粗碎屑沉积体系，呈裙边状展布，勘探面积 130km²，是该凹陷的有利勘探区带之一。

1.3.2　毛敦次凸

　　毛敦次凸是石炭—二叠系形成的次凸带。钻遇次凸之上的 M2 井、M9 井，揭示其顶部为二叠系云母片岩、花岗岩、花岗斑岩，底部为闪长岩。花岗岩、花岗斑岩都属于酸性侵入岩类，在查干凹陷周围，区域上酸性侵入岩类发生在燕山早期之前，早白垩世均为中基性侵入岩，根据这种现象推断，毛敦次凸形成于白垩纪早期，由于闪长岩不断的大量侵入，将石炭—二叠系(包括浅变质岩和火成岩)成带状整体推起。毛敦次凸呈南西—北东走向，成宽带状分布，将查干凹陷一分为二。

1.3.3　东部次凹

　　东部次凹位于毛敦次凸东部，走向北北东，进一步分为罕塔庙洼陷、五华单斜带、海力素冲断带三个次级单元，依现有二维地震资料推测，该次凹发育有和西部次凹类似的沉积地层。在沉积厚度上，大体表现出南北两端地层厚，中部地层薄的特点，在中、北部又有南薄北厚、东薄西厚的特征。

1.4　地　层　发　育

　　查干凹陷主体是在晚古生代褶皱基底上发育起来的内陆断陷盆地，凹陷内仅发育白垩系和新生界，缺失三叠系及侏罗系。查干凹陷的沉积盖层划分为下白垩统巴音戈壁组（巴一段、巴二段）、苏红图组（苏一段、苏二段）、银根组，上白垩统乌兰苏海组及新生界（图1.4c）。

1.4.1　基底组成

查干凹陷基底为海西期褶皱基底，由火山岩系和古生界经过浅变质作用和强烈褶皱而成。现有钻井揭示的凹陷基底为一套二叠系浅变质的碎屑岩，板岩、变质砂岩，均为沉积岩经过区域变质作用形成；凹陷边缘还出露石炭系变质的碳酸盐岩和碎屑岩；此外还有印支期的花岗岩体。其中二叠系板岩为灰黑色板岩。

1.4.2　下白垩统

1. 巴音戈壁组（K_1b）

巴音戈壁组最大厚度达1800m，以灰色泥质粉砂岩、深灰色泥岩、砂砾岩为主，下部夹砂岩和棕色、紫红色泥岩，为查干凹陷主要的目的层段，与下伏二叠系呈不整合接触。CC1、M1、B1井均钻遇巴音戈壁组，根据岩性电性特征将巴音戈壁组分为上下两段。

（1）巴一段（K_1b^1）：主要为一套水下扇、浅湖深灰色砾岩，夹灰色砂岩、砂砾岩、泥质粉砂岩和深灰色、棕色泥岩，与下伏二叠系呈不整合接触。岩性总体较粗，地层厚度为300～900m。

（2）巴二段（K_1b^2）：为大套的灰色、深灰、黑灰色砂岩、泥岩、粉砂质泥岩、页岩、白云质泥岩，厚700m，为较深湖相沉积。

2. 苏红图组（K_1s）

苏红图组岩性为褐色泥岩、灰色和浅灰色砂岩、含砾砂岩、火山岩、粉砂岩不等厚互层。

（1）苏一段（K_1s^1）：岩性均为粉砂质泥岩、灰色泥岩与浅灰色砂岩、泥质粉砂岩不等厚互层，夹火山岩，与下伏地层为整合接触。该组各井之间乃至整个凹陷岩性、岩相变化不大，环境为滨浅湖相和火山岩相，为凹陷最稳定的层段。

（2）苏二段（K_1s^2）：岩性为深灰色、棕褐色、暗褐色、紫色泥岩、砂质泥岩与浅灰色、灰色含砾砂岩、粉砂岩、砂岩不等厚互层，夹玄武岩。产孢粉，以 *Classopollis-Cicatricosisporites-Piceaepollenites* 组合带为特征，与下伏地层整合接触。本段早期以火山岩相为主，晚期发育河流相沉积。

3. 银根组（K_1y）

上部为褐灰色、紫红色、暗褐色、灰绿色、灰色泥岩、砂质泥岩与含砾砂岩、砂岩、砂砾岩不等厚互层；下部为棕色、灰色泥岩、砂质泥岩，夹含砾砂岩、碳质页岩、砂岩、泥质粉砂岩，与下伏地层呈明显的角度不整合接触。

1.4.3　上白垩统乌兰苏海组(K_2w)

上白垩统乌兰苏海组为河流相的红褐色泥岩、砂质泥岩、砂岩、泥质砂岩、砾岩、含砾砂岩等，与下伏地层呈不整合接触，具西南细而厚、东北粗而薄的特征，沉积中心位于凹陷西南区。

1.4.4　新生界

新生界在查干凹陷广泛分布，厚度一般为 500～700m，岩性较粗，主要为洪积相粉砂质泥岩、棕红色泥岩和红色粗碎屑沉积，第四系为风成砂。

1.5　勘　探　历　程

查干凹陷是银-额盆地勘探程度最高的凹陷，自 20 世纪 50 年代至今，查干凹陷勘探大致经历了盆地评价和区带评价两个阶段。

1.5.1　盆地评价阶段（1955～1998 年）

该阶段经历了盆地前期区域概查-普查阶段和盆地中后期详查阶段。

（1）盆地前期区域概查-普查阶段（1955～1990 年）：确定查干凹陷为最具有勘探前景的凹陷之一。

50 年代中后期，地质矿产部西北石油地质局在银根-乌拉特后旗开展石油地质调查。

60 年代，内蒙古自治区地质矿产普查开发局普查六队在银根、乌力吉、乌拉特后旗一带开展过 1：20 万的重、磁、电及石油地质普查工作。

70 年代，内蒙古自治区地质矿产普查开发局区测队完成了该区 1：20 万地质填图。

80 年代，1982 年核工业部七零三队在乌拉特后旗进行了 1：5 万航磁普查。1983 年，石油工业部物探局（简称物探局）五处在盆地东部银根地区进行了野外地质调查，并从该年至 1987 年在银根、乌拉特后旗地区完成了 1：20 万重力和电法勘探。1985 年陕西测绘地理信息局完成 1：100 万重力普查，同年地质矿产部航测物探大队完成 1：100 万航磁普查。1986 年长庆石油勘探局勘察设计研究院进行了该区的野外地质调查。

（2）盆地中后期详查阶段（1990～1999 年）：完成了查干凹陷的选凹定带工作，明确了凹陷的成凹、成烃、成藏过程，未获工业油流。

1991 年中石油物探局四处在查干德勒苏拗陷完成 30 次覆盖二维地震测线 16

条，939.85km，测网达 8×16km，并进行了构造解释研究。但属于查干凹陷的地震测线只有 8 条。

1993 年物探局四处在查干德勒苏拗陷完成 30 次覆盖二维地震测线 26 条，1130km，使查干凹陷测网达到 2×2km，并进行了该区的构造解释和石油地质评价。

1994 年，物探局五处完成了查干凹陷的化探普查(1149 个物理点，面积1500km²)。同年，西安石油学院开展了盆地野外露头地质调查，实测及观察白垩系、侏罗系剖面 32 条，剖面总长 20149.94m，进行了地层、沉积、生油、储层、火成岩等多项专题研究和石油地质综合评价研究。与此同时，中石油西北地质研究所开展了全盆地石油地质综合研究。

1995 年，物探局四处在查干德勒苏拗陷完成 30 次覆盖二维地震剖面 14 条，484.6km 和 60 次覆盖二维地震剖面 10 条，145.8km，其中只有 13 条属于查干凹陷。物探局一处完成了 MT 大地电磁测深剖面 842km。中原石油勘探局钻井三公司在查干凹陷完成了盆地内第一口参数井——CC1 井，完钻井深 4316.5m，取得高收获率的含油岩心 16 层 10.56m，确定了本区的地层层序。西北地质研究所完成了盆地第二轮的石油地质评价研究和查干凹陷的盆地模拟研究。华北油田分公司勘探开发研究院完成了 CC1 井的单井综合评价工作。

1996 年，中原石油勘探局物探公司在查干凹陷完成 30 次及 60 次覆盖二维测线 10 条 196.85km，其中只有 3 条测线属于查干凹陷。华北油田井下作业有限公司在 CC1 井试获低产油流。中国石油天然气集团公司西北地质研究所进行了盆地第三轮的石油地质评价。

1997 年，华北油田钻井一公司在查干凹陷完成了 M1 井、B1 井两口预探井的钻探，中原石油勘探局钻井三公司在查干凹陷完成了 M2 井的钻探，三口井总进尺 6029.5m。仅 M1 井试获低产油流。西北地质研究所完成了查干凹陷的地震资料精细解释、油气远景评价及查干凹陷有井条件下的盆地模拟研究。华北油田分公司勘探开发研究院完成了 M1 井和 B1 井单井综合评价工作。

1998 年，西北地质研究所开展了查干凹陷油气控制因素分析与目标评价、查干凹陷油藏描述以及查干凹陷重点区带、圈闭描述与井位论证工作。

通过以上工作，对凹陷的区域构造背景、基本构造格架和沉积岩分布面积等有了一定认识；初步建立了凹陷内层序地层格架和生储盖早期评价；肯定了凹陷具有基本的成藏条件。评价凹陷有较好的油气勘探前景。

1.5.2　区带评价阶段(1999 年至今)

区带评价认为乌力吉构造带、巴润构造带、图拉格断层下降盘、巴润断层下降盘、额很洼陷和虎勒洼陷的环凹带为凹陷内有利的勘探区带。2009 年，通过转换勘探思路，优选勘探区带与目标，乌力吉构造带上的 M1、L1 井试获工业油流，实现了查干凹陷的勘探突破。

1999 年 7 月，中原石油勘探局获得了该凹陷的勘探权，在吸取前人勘探成果的基础上，开展了查干凹陷新一轮的石油地质特征研究。

2000～2003 年：中原油田与中国石化西部新区勘探指挥部、中国地质大学等单位合作，从查干凹陷的区域大地构造研究入手，利用已钻四口井的地质资料与地震资料结合，开展了区域地质特征与油气成藏条件综合研究。分析了查干凹陷的地层、构造、沉积体系与烃源岩等基本石油地质条件，对凹陷的勘探潜力进行了初步评价，认为该凹陷具备形成中、小型油藏的条件。

2004 年：在综合前人认识的基础上，考虑沉积物源方向，在乌力吉构造 M1 井东北方向乌力吉构造高部位部署 M3 井、M4 井，目的是寻找好的储集相带和好储层，但未成功。两口井在碎屑岩和火山岩两类储层中见多层油气显示，在苏一段、苏二段试获低产油流，上报预测石油地质储量 1058 万 t。

2005 年：在 M1 井低部位部署了 M5 井，钻探目的与 M3 井、M4 井相同。该井在目的层见到了少量油气显示，受岩相变化影响，岩性较细，缺乏好的储层。

2006～2008 年中期：中石化北方勘探分公司接管查干凹陷的勘探研究工作，部署实施了 L1 井的钻探和钻后评价工作。

2008 年中期至今：中原油田再次接管查干凹陷的勘探研究工作。

2009 年，通过对五口老井进行地质、工程复查，优选出 M1、M3 及 L1 井三口井的五个试油层段，在乌力吉构造带上的 M1 和 L1 井分别在苏二段上部含砾不等粒砂岩段、巴一段下部裂缝性致密砾岩段试获工业油流，突破了查干凹陷的工业油流关，实现了查干凹陷的勘探新突破。同年，查干凹陷先后部署实施了 7 口探井、3 口开发井和 389km^2 的三维地震。6 口探井和 3 口开发井皆钻遇厚度不等的油层，取得了较好的勘探成果。

2010～2011 年，查干凹陷勘探步伐加快，以"深浅兼顾、环洼部署"的勘探思路开展工作，针对深层巴二段环洼钻探 Y1-Y5 井，巴润中央构造带部署预探井 Y6 井；评价乌力吉构造带巴二段油藏部署 X1-X5 井和 LP1 井；针对苏二段浅层目标部署 J3、J5、J11、J12 井。2010 年 5 月 10～22 日对 LP1 井巴二段 2842.6～2889m 井段 3 层 6.5m 油层试油，获得日产油 3.84m^3 的工业油流。巴润中央构造带的 Y6 井在苏一段碎屑岩储层中见良好油气显示，2012 年针对该套层系试油，获 2.4m^3/d 的工业油流，在苏一段突破了工业油流关。探明了 M1 块苏二段油藏和 M8 块银根组油藏，分别上报探明石油地质储量 270.79 万 t 和 344.45 万 t。2012 年，巴润中央构造带相继部署评价井 Y7、Y8、Y9 井，乌力吉构造带部署 X6 井。对 Y9 井巴二段一砂组 2027～2236.3m 井段 6 层 22.9m 的干层、油层进行负压射孔，获日产油 4.05m^3 的工业油流。对 X6 井巴二段 2～3 砂组 2280.5～2342.9m 井段 20.7m/7 层油层进行负压射孔，4.3mm 油嘴自喷，日产油 8.2m^3，截至 2014 年底已经累产原油 1200m^3。在乌力吉构造带和巴润中央构造带相继获得突破后，虎勒洼陷带已经成为查干凹陷勘探突破的重点方向，在虎勒洼陷带东翼已经钻探的 Y11 井和 Y12 井，钻遇厚层暗色泥岩，属于中等—好烃源岩，源内薄储层普见显示。

截至 2014 年年底，查干凹陷共有 86 口探井，几乎每口井都有丰富的油气显示，多口井获得工业油气流，探明石油储量 630 万 t，控制石油储量 2011 万 t，预测石油储量 3508 万 t，总共 6149 万 t，发现两个新油田——吉祥油田和如意油田。勘探证实查干凹陷具有"三大成藏组合、五套含油层系、多种油藏类型"的特征，即火山岩上成藏组合(银根组、苏二段上)，为稠油油藏；火山岩间成藏组合(苏二段下、苏一段)，为稠油、稀油油藏；火山岩下成藏组合(巴二段、巴一段)，为稀油油藏。通过中原油田近五年的勘探，逐渐认识到有效烃源岩及有效储层分布对查干凹陷的油气成藏起决定性作用。

第2章 烃源岩特征分析

2.1 烃源岩地球化学特征及评价

烃源岩是能够或已经产生可移动烃类的岩石。油气是烃源岩在一定的温度、压力条件下生成的,因此烃源岩是油气系统的重要组成部分和油气地质条件评价的基础。目前一般认为,影响烃源岩发育的主要因素包括有机质丰度与有机质类型及有机质成熟度等。

2.1.1 烃源岩有机质丰度

1. 烃源岩有机质丰度评价标准

国内外对于烃源岩评价的参数较多,总体从以下三个方面进行研究:①有机质丰度;②有机质类型;③有机质成熟度。其中对于有机质丰度的评价指标主要有:有机碳(TOC)、氯仿沥青"A"、总烃含量(HC)、生烃潜量(S_1+S_2)(卢双舫和张敏,2008)。

由于我国含油气盆地大部分属于陆相,黄第藩(1984)根据我国勘探实践,提出陆相烃源岩评价标准(表2.1)。

表 2.1　陆相烃源岩评价标准(黄第藩,1984)

生油岩等级	好	较好	较差	非生油岩
沉积相	半—深湖相	浅—半深湖相	滨浅湖相	河流相
岩性	灰黑色泥岩	灰色泥岩为主	灰绿色泥岩为主	红色泥岩为主
有机碳/%	>1.0	0.6～1.0	0.4～0.6	<0.4
氯仿沥青"A"/%	>0.1	0.05～0.1	0.01～0.05	<0.01
HC/10^{-6}	>500	200～500	100～200	<100
S_1+S_2/(mg/g)	>6.0	2.0～6.0	0.5～2.0	<0.5
HC/TOC/%	>6.0	2.0～6.0	1.0～2.0	<1.0

2. 烃源岩有机质丰度评价

自中生代印支运动以来到三叠世末,海水进一步退出中国大陆,除台湾、西藏及华南局部地区外,我国绝大部分地区变成陆地。银-额盆地查干凹陷是一个以二叠系为基底、中生界和新生界为沉积盖层的断陷盆地,其中烃源岩主要分布在下白垩统,故对研究区烃源岩有机质丰度进行评价时,采用上述的陆相烃源岩评价标准(表2.1)。

对查干凹陷21口井的烃源岩样品有机质丰度数据进行统计(表2.2)。巴二段烃源岩TOC含量为0.06%~4.13%,平均为0.75%;氯仿沥青"A"为0.0003%~2.4066%,平均为0.1111%;HC为$18.38 \times 10^{-6} \sim 15178.43 \times 10^{-6}$,平均为$867.52 \times 10^{-6}$,生烃潜量($S_1+S_2$)为0.01~30.13mg/g,平均为2.47mg/g,综合评价为中等—好的烃源岩。巴一段TOC为0.12%~1.70%,平均为0.72%;氯仿沥青"A"为0.0007%~0.0935%,平均为0.0355%;HC为$29.52 \times 10^{-6} \sim 827.38 \times 10^{-6}$,平均为$379.44 \times 10^{-6}$,生烃潜量($S_1+S_2$)为0.08~3.25mg/g,平均为1.26mg/g,综合评价为中等烃源岩。苏一段TOC为0.02%~2.66%,平均为0.44%;氯仿沥青"A"为0.0004%~0.2757%,平均为0.0371%;HC为$7.87 \times 10^{-6} \sim 2130.06 \times 10^{-6}$,平均为$305.95 \times 10^{-6}$,生烃潜量($S_1+S_2$)为0.01~8.95mg/g,平均为0.73mg/g,综合评价为差烃源岩。三个层位的烃源岩生烃潜量(S_1+S_2)都比较小,可能是因为烃源岩的演化程度较高,可热解烃含量较小(表2.2)。

表2.2　查干凹陷有机质丰度统计表

烃源岩	TOC/%	氯仿沥青"A"/%	HC/10^{-6}	S_1+S_2/(mg/g)	评价
K_1s^1	$\dfrac{0.02 \sim 2.66}{0.44(240)}$	$\dfrac{0.0004 \sim 0.2757}{0.0371(76)}$	$\dfrac{7.87 \sim 2130.06}{305.95(58)}$	$\dfrac{0.01 \sim 8.95}{0.73(87)}$	差
K_1b^2	$\dfrac{0.06 \sim 4.13}{0.79(333)}$	$\dfrac{0.0003 \sim 2.4066}{0.1111(81)}$	$\dfrac{18.38 \sim 15178.43}{867.52(70)}$	$\dfrac{0.01 \sim 30.13}{2.47(176)}$	中等—好
K_1b^1	$\dfrac{0.12 \sim 1.70}{0.72(95)}$	$\dfrac{0.0007 \sim 0.0935}{0.0355(21)}$	$\dfrac{29.52 \sim 827.38}{379.44(15)}$	$\dfrac{0.08 \sim 3.25}{1.26(35)}$	中等

与我国白垩系其他含油气盆地类比,查干凹陷下白垩统烃源岩相对较差。我国白垩系含油气盆地烃源岩有机质丰度一般都比较高,如松辽盆地主要烃源层K_1q^1有机碳含量平均为2.21%,次要烃源层K_1q^{2+3}有机碳平均含量仅0.71%。比较而言,查干凹陷下白垩统烃源岩比松辽、酒西、酒东盆地主要烃源层有机质丰度要低得多,与二连盆地赛汗塔拉凹陷巴彦花组、酒东盆地下沟组、赤金堡组相似(表2.3)。由此可见,查干凹陷下白垩统烃源岩在我国白垩纪含油气盆地中处于中下水平。

表2.3　中国其他盆地白垩统烃源岩有机质丰度

盆地	凹陷	层位	TOC/%	S_1+S_2/(mg/g)	氯仿沥青"A"/‰	总烃/‰	备注
松辽		K_1n^2	1.56	0.365	0.169	4.50	次
		K_1n^1	2.40	2.804	1.682	26.40	主
		K_1q^{2+3}	0.71	1.500	0.900	5.27	次
		K_1q^1	2.21	5.330	1.612	13.23	主

续表

盆地	凹陷	层位	TOC/%	S_1+S_2/(mg/g)	氯仿沥青 "A"/‰	总烃/‰	备注
二连	额合	K_1	2.14	4.45	0.929	0.474	
	赛汗塔拉	K_1	1.36	2.06	0.734	0.359	
酒西	青西	K_1z	0.78	1.01	0.368	0.244	次
		K_1g	1.35	6.70	1.558	0.924	主
	青东	K_1z	0.70	1.33	0.425	—	次
		K_1g	1.97	8.37	0.194	0.121	主
		K_1c	1.75	7.72	0.589	0.485	主
酒东	营尔	K_1z^2	1.50	3.38	0.362	0.123	次
		K_1z^1	2.44	12.04	2.320	1.062	主
		K_1g	0.82	2.22	0.524	0.355	次
		K_1c	1.20	2.92	0.689	0.376	主

注："次"为次要烃源岩；"主"为主要烃源岩。

2.1.2 烃源岩有机质类型

1. 烃源岩有机质类型评价标准

有机质类型是评价烃源岩生烃能力的重要参数之一，具体评价干酪根母质类型概括起来有两种方法：有机地球化学方法和有机岩石学方法。利用有机地球化学方法研究干酪根类型的主要指标是干酪根元素分析的 H/C、O/C 原子比及岩石热解 IH、IO 与 T_{max}。

法国石油研究院根据不同来源的 390 个干酪根样品的 H、C、O 元素分析结果，利用范·克雷维伦图解(简称范氏图)，将干酪根划分为三个类型(张厚福等，2007)。

(1) Ⅰ型干酪根：原始氢含量高和氧含量低，H/C 原子比为 1.25～1.75，O/C 原子为 0.026～0.12，含有较多的来源于低等水生生物的脂类化合物，而含氧官能团和多环的芳香烃含量较少，生烃潜能较大。

(2) Ⅲ型干酪根：原始氢含量低和氧含量高，H/C 原子比为 0.46～0.93，O/C 原子比为 0.05～0.30，多含有芳香结构。有机质主要来源于异地且含碳水化合物和木质素较多的陆生高等植物，生油潜能不大，但能够生成气态烃。

(3) Ⅱ型干酪根：H/C 和 O/C 原子比在上述两者之间，属过渡型或混合型干酪根。其生烃潜能按照接近Ⅲ型或Ⅰ型来判断。

这是经典的干酪根类型的概念，其后又增加了一类以再循环有机质或惰性组为主的Ⅳ型干酪根。

大量实测资料表明，干酪根元素组成是渐变的，各干酪根类型逐渐过渡。在国内，将干酪根进一步详细划分如下：①三类四分法，将Ⅱ型干酪根划分为Ⅱ₁和Ⅱ₂型；②三类五分法，将Ⅰ型和Ⅲ型分为Ⅰ₁、Ⅲ₁和Ⅰ₂、Ⅲ₂型，这种分类方案在生产实践中应用较广泛(陈义才等，2007)。

利用光学显微镜可直接观察烃源岩有机质的显微组分，在镜下鉴定显微组分及组成特征是确定烃源岩有机质类型的有效方法(戴鸿鸣等，2000)。烃源岩有机质有机显微组分包括镜质组、惰质组、壳质组和腐泥组，不同显微组分对成烃贡献大小不同。腐泥组和壳质组均为富氢组分，有较高的油气生成潜力；镜质组一般只具有生气潜力，但荧光镜质体具备了生油潜力，而惰质体不具备油气生成的潜力。因此可通过测定各组分的相对百分含量，用有机质类型指数(TI)来划分有机质类型(表 2.4)。

表 2.4　干酪根镜鉴分类

TI	类型	产油气性质
>80	Ⅰ	产油为主
40~80	Ⅱ₁	产油气
0~40	Ⅱ₂	产气油
<0	Ⅲ	产气为主

计算有机质类型指数(TI)公式如下：

$$TI = \frac{A \times 100 + B \times 50 + C \times (-75) + D \times (-100)}{100} \tag{2.1}$$

式中，A 为无定形组百分含量；B 为壳质组百分含量；C 为镜质组百分含量；D 为惰质组百分含量。

利用岩石热解参数 IH、D、S_1+S_2 也可较好地判定有机质类型。利用 IH 判别有机质类型可避免因有机二氧化碳 S_3 的外界影响因素较大而导致氧指数的不准确所造成的误差，同时考虑了成熟度指标 T_{max} 对有机质类型的影响。降解潜率 D 为有效碳占总有机碳的百分率，由于降解潜率可以随着有机质的类型而发生变化，故通过降解潜率的变化便可了解烃源岩的有机质类型(表 2.5)。

不同来源有机质其稳定碳同位素是有所差异的，并且有机质热演化对其影响不大(Frédéric et al.，1990)。通过对干酪根分析研究说明，陆源高等植物有机质含量与稳定碳同位素呈正相关；相反，含类脂体较多的低等水生生物有机质 ^{12}C 更丰富，稳定碳同位素值越小。经过研究证实，经过未成熟到过成熟这一过程后，干酪根 $\delta^{13}C$ 值的变化不大，仅为 1‰左右。故 $\delta^{13}C$ 值在一定的成烃演化阶段范围内（R_o=0.40%～1.60%），尤其在较高演化阶段可作为判断有机质类型的有效参数（表 2.5）。

表 2.5　有机质类型划分

指标 类型	I	II		III
		II_1	II_2	
IH/(mg/g)	>700	350～700	150～350	<150
D/%	>70	30～70	10～30	<10
S_1+S_2/(mg/g)	>20	6～20	2～6	<2
δ^{13}C/‰	<−28	−28～−26.5	−26.5～−25	>−25

2. 烃源岩有机质类型特征

主要通过对三套烃源岩层系进行干酪根元素分析、干酪根镜检和岩石热解分析，综合研究得出各套烃源岩的有机质类型。

1）干酪根镜检

通过分析查干凹陷资料较全的 11 口井干酪根镜检资料，对其源岩有机显微组分种类及相对含量进行研究，结果表明，苏一段烃源岩的有机质类型以 II_2 型为主，所占比例为 67%，II_1 型次之；巴二段烃源岩的有机类型以 II_1 型为主，占样品数量的 38%，II_2 型次之；巴一段烃源岩的有机质类型主要为 II_1 型，I 型次之（图 2.1）；在纵向分布上，自苏红图组至巴音戈壁组泥岩内类脂组含量有逐渐增加的趋势，而镜质组含量则有逐渐减小的趋势，有机质类型逐步向 I 型干酪根类型过渡，这说明巴音戈壁组烃源岩的有机显微组分优于苏红图组。

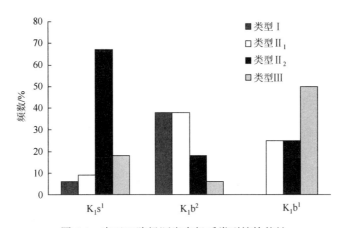

图 2.1　查干凹陷烃源岩有机质类型镜检统计

2)干酪根元素

干酪根元素分析表明查干凹陷下白垩统主要生油层段 K_1s^1 和 K_1b^2、K_1b^1 的 H/C 原子比多数为 0.5～0.8，只有少数样品在 0.8 以上，极少数样品大于 1.0。由于成熟度相对较高，H/C 原子比下降较多，样品主要分布在范氏图中有机质演化终点区域(图 2.2)。以其演化趋势看，下白垩统烃源岩原始有机质中应该有相当一部分为 II_1 型和 II_2 型。另外，岩石热解氢指数绝大多数也在 100mg/g 以下，有相当多数甚至在 50mg/g 以下，较高的成熟度已使有机质类型难以区分。

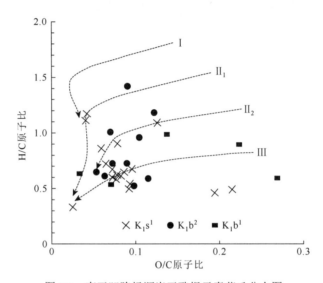

图 2.2　查干凹陷烃源岩干酪根元素范氏分布图

3)热解参数

通过对 M5 井和 CC1 井样品热解资料进行分析，绘制了氢指数与最高热解峰温(T_{max})关系图(图 2.3)。受成熟度影响，数据点主要集中在曲线的尾部，有机质类型以 III—II_2 为主(T_{max} 值多数大于 440℃，即烃源岩已成熟)。由于有机质的类型越好则降解越大，纵向上看，巴二段热解潜率相对较大，故该段有机质类型较好。将热解潜率与氢指数结合对比，苏一段有机质类型综合判定为 II_2 型(图 2.3)；巴二段氢指数平均在 219mg/g，同时降解潜率平均值达 20.1%，有机质类型较好，可判定为 II 型，部分为 I 型；巴一段的氢指数和降解潜率值显示其为 II_2 型。

4)干酪根碳同位素

根据 M5 井、M10 井、M11 井、Y4 井和 L1 井共 50 件样品的干酪根 $\delta^{13}C$ 值(图 2.4)，显示苏一段烃源岩以 II_2、III 型为主，巴二段烃源岩以 I 型为主，巴一段烃源岩 I—III 型均匀分布。总体上本区巴音戈壁组烃源岩有机质类型要优于苏红图组。

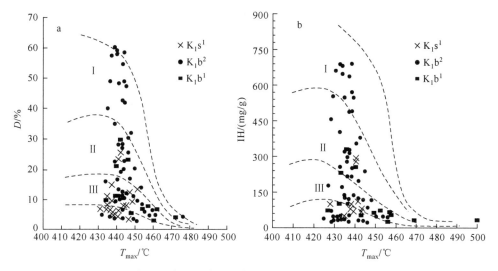

图 2.3　查干凹陷烃源岩 D-T_{max}、IH-T_{max} 关系图

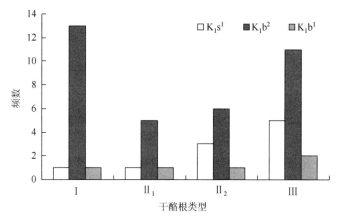

图 2.4　碳同位素划分干酪根类型

5）氯仿沥青"A"族组成

一般来讲，岩石抽提物组成可反映烃源岩有机质性质，但同时随深度发生热演化。查干凹陷岩石抽提物族组分分析结果表明，查干凹陷烃源岩有机组分以饱和烃为主，含量最高，芳香烃、非烃和沥青质含量较低（表 2.6）。总体上，各段烃源岩的饱和烃与芳香烃含量远大于非烃与沥青质的含量。其中，巴一段和巴二段的泥岩及白云质泥岩的饱和烃含量最高，大部分大于 55%（图 2.5 中 A 圈）；苏一段泥岩的饱和烃含量相对较低，大多小于 50%（图 2.5 中 B 圈），表明巴一段与巴

二段烃源岩的成熟度高于苏一段，也反映了巴一段与巴二段烃源岩的有机质类型要比苏红图组好。

表 2.6　查干凹陷岩样抽提物族组分分析统计

井号	层位	饱和烃/%	芳香烃/%	非烃/%	沥青质/%
CC1 井		$\dfrac{12.93\sim54.55}{32.65(16)}$	$\dfrac{11.36\sim43.53}{25.04(16)}$	$\dfrac{2.83\sim37.79}{22.82(16)}$	$\dfrac{2.39\sim37.80}{16.23(16)}$
M5 井	K_1s^1	$\dfrac{29.69\sim54.32}{44.17(4)}$	$\dfrac{13.56\sim25.34}{19.20(4)}$	$\dfrac{27.09\sim39.01}{31.93(4)}$	$\dfrac{4.05\sim6.05}{4.69(4)}$
L1 井		$\dfrac{48.28\sim61.61}{54.67(3)}$	$\dfrac{15.65\sim19.57}{17.86(3)}$	$\dfrac{22.04\sim27.05}{24.93(3)}$	$\dfrac{0.70\sim5.10}{2.54(3)}$
CC1 井		$\dfrac{33.00\sim76.89}{60.79(14)}$	$\dfrac{6.64\sim18.38}{12.31(14)}$	$\dfrac{12.13\sim22.66}{19.15(14)}$	$\dfrac{0.47\sim22.16}{3.71(14)}$
M5 井	K_1b^2	$\dfrac{38.90\sim63.64}{54.32(4)}$	$\dfrac{11.61\sim18.99}{14.96(4)}$	$\dfrac{18.08\sim32.49}{23.17(4)}$	$\dfrac{4.62\sim10.04}{7.55(4)}$
L1 井		$\dfrac{59.60\sim66.77}{62.01(3)}$	$\dfrac{14.15\sim18.98}{17.11(3)}$	$\dfrac{17.23\sim20.20}{18.80(3)}$	$\dfrac{1.85\sim2.38}{2.07(3)}$
CC1 井		$\dfrac{51.77\sim77.95}{66.44(5)}$	$\dfrac{5.53\sim13.07}{9.00(5)}$	$\dfrac{12.60\sim21.68}{15.77(5)}$	$\dfrac{1.19\sim10.40}{3.67(5)}$
L1 井	K_1b^1	$\dfrac{73.90\sim78.88}{76.15(4)}$	$\dfrac{10.43\sim14.83}{12.55(4)}$	$\dfrac{9.16\sim10.69}{9.91(4)}$	$\dfrac{1.28\sim1.53}{1.40(4)}$

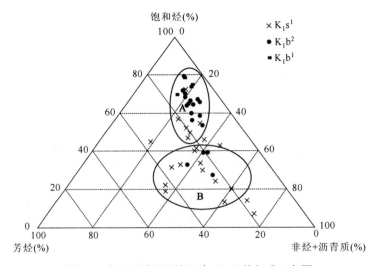

图 2.5　查干凹陷烃源岩沥青"A"族组成三角图

总之，查干凹陷各套烃源岩的有机质类型不同评价指标存在一定的差异，但是总的趋势是一致的。研究表明查干凹陷有机质类型基本上属过渡类型，其中苏一段以 II_2 型为主，巴二段和巴一段以 II_1 型为主。另外，查干凹陷烃源岩抽提物饱和烃中类异戊二稀烃姥植比(Pr/Ph)一般在 1.0 左右，甾烷分布中 C_{27} 甾烷含量占 15%~40%，C_{28} 甾烷占 10%~30%，C_{29} 甾烷占 40%~70%，表明有机质沉积于还原环境，虽以陆源有机质为主，但也有相当数量的水生有机质混合其中，构成了混合型有机质。

由以上五种方法对查干凹陷烃源岩有机质类型进行分析可以得出，巴一段烃源岩以 II_1 型为主，巴二段烃源岩以 II_1 型为主，苏一段以 II_2 型为主(表 2.7)。

表 2.7 查干凹陷烃源岩有机质类型综合划分

指标 层位	镜鉴	干酪根元素	岩石热解	$\delta^{13}C$	氯仿沥青"A"	综合评价
K_1s^1	II_2 为主，I 次之	II_2、III	II_2	II_2、III为主	II_2 为主	II_2 为主
K_1b^2	II_1 为主，II_2 次之	II_1、II_2	II 为主，I 次之	I 为主	II_1	II_1 为主
K_1b^1	II_1 为主，I 次之	II_2	II_2	I-III	II_1、I	II_1 为主

2.1.3 有机质成熟度特征

1. 烃源岩有机质成熟度评价标准

有机质丰度和类型是油气生成的物质基础，而有机质只有达到一定的热演化程度才开始大量生烃(陈义才等，2007)。烃源岩有机质成熟度是衡量烃源岩实际生烃能力的重要指标之一，是评价一个地区或某一烃源岩生烃量和资源前景的重要依据。关于有机质成熟度判别的方法有多种，如镜质体反射率(R_o)、最高热解峰温、岩石热解指数、生物标志化合物等，其中镜质体反射率 R_o 和热解峰温 T_{max} 是常用的成熟度指标。

根据镜质体反射率可将有机质的演化划分为五个阶段：$R_o<0.5\%$ 为未成熟阶段，主要生成生物气和未熟重油；$0.5\%\leqslant R_o<0.7\%$ 为低成熟阶段，主要生成低熟油；$0.7\%\leqslant R_o<1.0\%$ 为中成熟阶段和 $1.0\%\leqslant R_o<1.3\%$ 为高成熟阶段(生油高峰期)，主要生成正常原油和轻质原油；$1.3\%\leqslant R_o<2.0\%$ 为过成熟阶段(湿气阶段)，主要生成凝析油和湿气；$R_o\geqslant2.0\%$ 为过成熟阶段(干阶段)，主要生成甲烷气(戴鸿鸣等，2000)。

研究烃源岩有机质成熟度的岩石热解参数主要有产率指数[$S_1/(S_1+S_2)$]和干酪根热解峰温(T_{max})。由于岩石埋藏越深温度越高，生成的烃类总量和产率指数不断增加；热稳定性较小的物质在较低温度下已经裂解，残留下来的为热稳定性较高的干酪根，使 T_{max} 不断向高温移动，T_{max} 随深度变化并出现较明显的拐点。因此，利用岩石热解峰温有助于划分有机质演化阶段（表 2.8）。需要注意的是，T_{max} 也受其他因素的影响，如盐湖相有机质的 T_{max} 较淡水湖相低 5～10℃。另外，不同类型有机质其界线也不尽相同。

表 2.8　利用 T_{max} 划分有机质成熟度标准

指标 ＼ 演化阶段	未成熟	低成熟	成熟	高成熟	过成熟
T_{max}/℃	<435	435～445	445～480	480～510	≥510

生物标志化合物常用于研究成熟度的指标有正构烷烃奇偶优势（OEP）和碳优势指数（CPI）、重排甾烷/规则甾烷、$T_s/(T_s+T_m)$、$C_{29}\alpha\alpha\alpha$-甾烷 20S/(20S+20R) 及 C_{29} 甾烷 $\beta\beta/(\alpha\alpha+\beta\beta)$、$C_{31}$ 藿烷 22S/(22S+22R) 等常用作中低成熟阶段的确定成熟度指标。其中，应用 C_{29} 甾烷 20S/(20R+20S) 划分成熟度标准见表 2.9。

表 2.9　利用 C_{29} 甾烷 20S/(20R+20S) 划分演化阶段标准

指标	含量	演化阶段
C_{29} 甾烷 20S/(20R+20S)	小于 20%	未成熟
	20%～40%	低成熟—中等成熟
	40%～60%	生油主峰，高成熟
	大于 60%	过成熟（$R_o \geq 1.3\%$）

2. 烃源岩成熟度特征

本次研究主要是利用镜质体反射率 R_o、最高热解峰温 T_{max} 和生物标志化合物对查干凹陷三套烃源岩有机质成熟度进行研究。

1) 镜质体反射率

查干凹陷 M1 井、M5 井、L1 井泥岩有机质热演化程度都不高（表 2.10）。其中，苏一段 M1 井 R_o 为 0.88%，M5 井 R_o 为 0.56%～0.65%，L1 井 R_o 为 0.35%～0.41%，没有达到成熟源岩的标准。巴二段、巴一段 M1 井 R_o 分布为 0.95%～1.02%，M5 井 R_o 为 0.62%～1.02%，L1 井 R_o 为 0.62%～0.96%，达到成熟源岩的标准。整体上看，烃源岩的埋深与成熟度表现为正相关关系，暗示查干凹陷烃源岩受同一地温场控制（图 2.6）。

表 2.10　查干凹陷烃源岩有机质成熟度参数统计表

井号	层位	井段/m	T_{max}/℃	R_o/%
M1 井		1639.00～1990.00	388～441/419 (8)	0.88
M5 井	苏红图组 (K_1s^1)	2306.00～2474.00	421～443/436 (12)	0.56～0.65/0.61 (2)
L1 井		2429.20～2436.28	441～444/443 (3)	0.35～0.41/0.38 (3)
M1 井		1992.00～2600.00	391～478/420 (14)	0.95～1.02/0.99 (3)
M5 井	巴音戈壁组 (K_1b^2)	2630.00～2884.00	436～449/444 (30)	0.62～1.01/0.87 (5)
L1 井		3179.11～3181.19	451～456/454 (3)	0.67～0.78/0.71 (3)
L1 井	巴音戈壁组 (K_1b^1)	3358.21～3360.28	454～459/456 (4)	0.82～0.96/0.91 (5)

注：括号内为样品数。

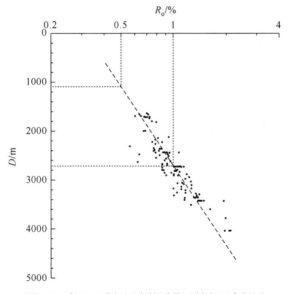

图 2.6　查干凹陷烃源岩镜质体反射率深度剖面

2) 生物标志化合物

CC1 井样品饱和烃色谱分析表明，苏一段底部烃源岩中正构烷烃奇偶优势基本已消失，OEP 和 CPI 值基本均小于 1.2。饱和烃色质分析显示，烃源岩中 C_{29} 甾烷异构化参数 S/(S+R) 和 $\beta\beta/(\alpha\alpha+\beta\beta)$ 值在苏一段基本上分别在 0.30 和 0.35 以上，巴音戈壁组时分别在 0.40 和 0.45 以上，表明烃源岩已经成熟。此外，CC1 井苏一段 2820～2850m 井段的原油和油砂 C_{29} 甾烷异构化参数 S/(S+R) 和 $\beta\beta/(\alpha\alpha+\beta\beta)$ 值分别在 0.45 和 0.60 以上，表明原油已属于成熟油，揭示凹陷内部烃源岩已经成熟并生成了成熟原油（表 2.11）。

表 2.11　　查干凹陷烃源岩生物标志化合物参数

井号	层位	C_{29} 甾烷 S/(S+R)	C_{29} 甾烷 $\beta\beta/(\alpha\alpha+\beta\beta)$	成熟阶段
M5 井	K_1s^1	0.48~0.49	0.41~0.44	成熟阶段
	K_1b^2	0.53	0.51	成熟阶段
L1 井	K_1s^1	0.53	0.42	成熟阶段
	K_1b^2	0.46	0.52	成熟阶段
	K_1b^1	0.46	0.50	成熟阶段
CC1 井	K_1s^1	>0.3	>0.35	低成熟—成熟阶段
	K_1b	>0.4	>0.45	成熟阶段

　　M5 井苏一段 2275.87~2480.00m 井段的烃源岩 C_{29} 甾烷 S/(S+R) 和 $\beta\beta/(\alpha\alpha+\beta\beta)$ 值分别为 0.48~0.49 和 0.41~0.44，均为成熟源岩；巴二段 2942.0m 两参数值为 0.53、0.51，为成熟源岩。L1 井苏一段烃源岩 C_{29} 甾烷异构化参数 S/(S+R) 和 $\beta\beta/(\alpha\alpha+\beta\beta)$ 分别为 0.53、0.42；巴二段烃源岩 C_{29} 甾烷异构化参数 S/(S+R) 和 $\beta\beta/(\alpha\alpha+\beta\beta)$ 分别为 0.46、0.52；巴一段烃源岩 C_{29} 甾烷异构化参数 S/(S+R) 和 $\beta\beta/(\alpha\alpha+\beta\beta)$ 分别为 0.46、0.50，均为成熟源岩(表 2.9)。

2.2　烃源岩空间分布特征

　　以 21 口单井的有机碳含量为基础，结合录井、沉积相和地震解释成果等绘制了三套烃源岩的有机碳含量平面分布图(图 2.7~图 2.9)，图中显示巴二段有机碳最大含量为 1.2%，分布在 CC1-Y2 井区，东部次凹有机碳最大含量仅为 0.6%；巴一段和苏一段有机碳含量相对较小，最大仅为 0.9%。

　　通过已钻井的录井资料，统计 21 口钻井的暗色泥岩厚度及暗色泥岩厚度与地层厚度之比，结合沉积相及地震解释等研究成果，绘制查干凹陷三套烃源岩厚度平面分布图(图 2.10~图 2.12)。结果表明三套暗色泥岩主要分布在西部次凹，并且暗色泥岩中心存在差异：巴一段和巴二段暗色泥岩中心在额很洼陷的西南地区和虎勒洼陷，而苏一段暗色泥岩中心在额很洼陷的中部地区和虎勒洼陷；从暗色泥岩厚度看，巴二段沉积厚度最大，在额很洼陷的西南地区最厚达 1100m。相比之下东部次凹暗色泥岩不仅分布范围窄，而且厚度较小，勘探潜力相对较小。

　　以暗色泥岩厚度分布为基础，以 TOC≥0.4% 和 R_0≥0.5% 为有效烃源岩的标准，绘制了查干凹陷三套烃源岩的有效烃源岩厚度平面分布图(图 2.13~图 2.15)。图中可以看出，巴二段有效烃源岩最厚，在额很洼陷的 Y1 井南部地区达到 900m，东部次凹最厚仅 200m 左右；其次是苏一段，有效烃源岩最厚处在 Y2-Y1 井区，达到 350m；巴一段最薄，有效烃源岩最厚处在 Y1 井西部地区，达到 300m。

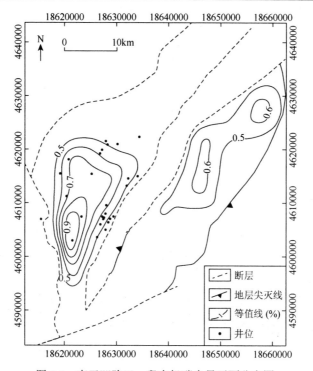

图 2.7 查干凹陷巴一段有机碳含量平面分布图

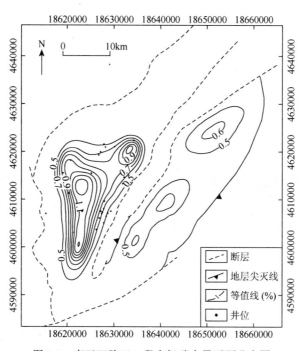

图 2.8 查干凹陷巴二段有机碳含量平面分布图

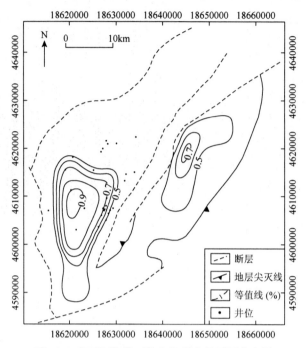

图 2.9　查干凹陷苏一段有机碳含量平面分布图

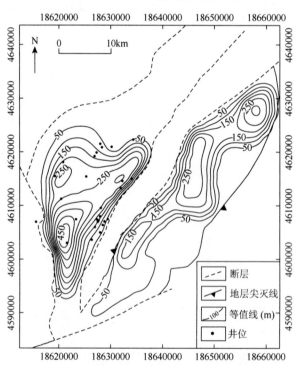

图 2.10　查干凹陷巴一段暗色泥岩厚度平面分布图

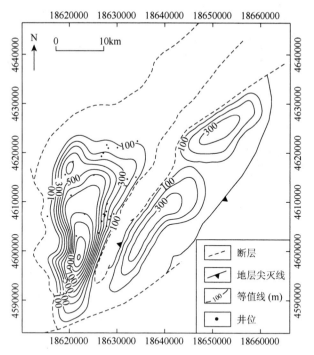

图 2.11　查干凹陷巴二段暗色泥岩厚度平面分布图

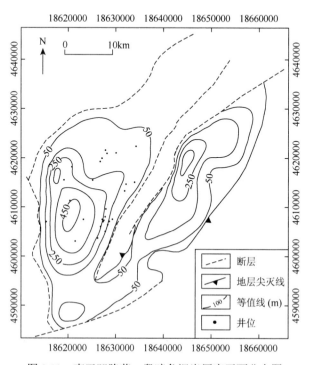

图 2.12　查干凹陷苏一段暗色泥岩厚度平面分布图

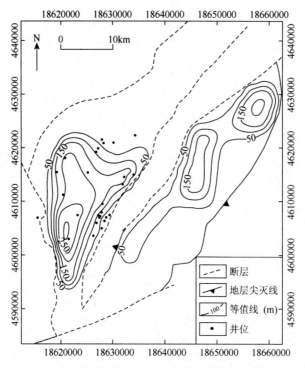

图 2.13　查干凹陷巴一段有效烃源岩厚度平面分布图

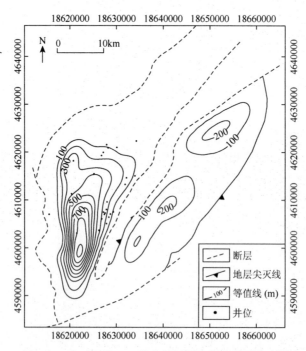

图 2.14　查干凹陷巴二段有效烃源岩厚度平面分布图

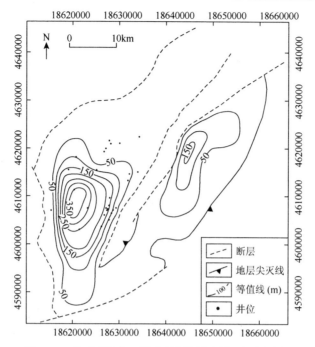

图 2.15　查干凹陷苏一段有效烃源岩厚度平面分布图

第3章 现今地温场研究

20世纪90年代以来，盆地现今地温场研究一直是油气盆地研究中的一个基础课题。研究盆地地温场，不仅可以为盆地的成因动力学和构造-热演化、盆地区岩石圈热结构等研究提供基础地热数据和约束，而且对油气资源的评价亦有着十分重要的意义。在生油理论方面，它可以给出烃源岩成熟程度的可信指标；在油气远景评价方面，它可以指出油气有利与不利的地区和范围及可能的生油时间与空间。盆地地温场研究对于油气资源勘探具有重要意义。

油气的生成与温度密切相关，它是有机质(生烃母质)在合适的温度和压力等条件下随地质时间演化的产物。世界上主要油田统计表明，油层的天然温度记录绝大多数在90~150℃，即"液态窗"的温度区间。研究含油气盆地现今地温场，揭示不同深度范围内的地层温度，从而为判断油气的生成和保存条件提供地热依据。对于持续沉积深埋的盆地而言，其中新生代地层的温度大致可代表该地层的古地温，盆地的古地温是了解油气生成的一个重要指标。

盆地现今地温场研究主要是基于地热学研究方法和手段，探讨盆地和岩石圈尺度的现今地热状态，为盆地的构造-热演化和盆地成因动力学提供基础地热数据，也为油气资源评价提供依据。研究内容具体包括以下六个方面。

(1)地层温度(formation temperature)数据采集和分析。结合油气勘探中得到的试油温度数据(井底温度BHT、钻杆测试温度DST、静压测温数据、中途试油温度等)，进行必要的校正和甄选；条件允许时，对符合测温条件的钻孔进行野外地温测量，获得稳态地层温度，并以此作为基准进行盆地尺度地温数据的分析。

(2)岩石热物性参数的测试与分析。选取代表性样品(空间上要基本覆盖盆地主要构造单元，时间上岩石样品要尽可能满足盆地内出露的各类地层和从老到新的地层序列；岩石样品类型上也要尽可能覆盖到盆内各代表性岩性)，进行热导率、生热率、密度和比热等物性参数的测试，分析其时空展布规律和主要控制因素，并建立相应的地层岩石热物性柱，用于盆地的大地热流和深部温度分析。

(3)盆地现今地温梯度分布特征。结合地层温度数据，计算钻孔的地温梯度，研究地温梯度分布的格局和规律，探讨影响地温梯度的因素。

(4)盆地现今大地热流分布特征。利用地温梯度数据和热导率，计算盆地的大地热流值，并分析其分布特征和控制因素，揭示盆地的现今地热状态。

(5)深部地层温度与分布规律。结合岩石热物性参数(生热率、热导率等)，求取特定深度或界面的深部地层温度及分布特征；特别是注重岩石热物性对地温场分布的影响，如膏盐层、煤层等。

(6)盆地岩石圈热结构分析。结合地壳结构和热物性参数，通过求解热传递方程，刻画岩石圈深部的温度和热流分布、莫霍面温度及壳内热流分配等热结构。

上述研究内容从空间尺度上而言，既有盆地尺度的地温场分析(地温梯度、大地热流、深部温度等)，也有岩石圈尺度的地温场研究(壳内热流的分配、温度状态等)。这些研究既有基础性，如为探讨盆地的构造-热演化提供基础地热参数，为盆地岩石圈热动力学提供地热约束；也可以用来分析盆地的油气潜力和保存条件，因而具有实践意义。本书对前五项内容进行了研究。

3.1　研究方法及基本参数

3.1.1　研究方法

1. 地温梯度计算方法

目前收集到的温度数据主要有两种：静温和流温。前者通常是在完井后，关井数天或长期关井后试油时将仪器下放至接近油层射井段，进行温度测量获得的数据。由于关井时间长，井温可以认为已与地层温度达到平衡，是研究地温场特征的主要依据之一。后者主要包括测井测温数据，也是地温场研究的主要数据之一。但由于测井测温一般都在刚完钻时就进行测温，其测试的温度数据与实际地层温度存在一定的差异。这是由于在钻探过程中钻头的摩擦生热和钻井液的循环，破坏了钻孔及其附近的地温状况。钻头的摩擦生热仅限于钻头所接触的部位，在时间上是短暂的，去热效应一般被钻井液循环所抵消。钻井液循环在整个钻进过程中连续发生，直至钻探完成和井液循环停止后才终止，随后钻探产生的热效应开始逐渐消失，井温开始恢复。钻井结束后井温变化可分为三段：上段瞬时井温比原始地温高($T_1 > T_2 > T_3$)，下段比原始地温低($T_1 < T_2 < T_3$)。在某些情况下如果钻头摩擦发热量很大，不能为井液循环抵消，则井底井液温度可能会比原始地温高。在上下两段之间有一过渡带，此处井液温度和围岩地温相平衡，称为中性点或中性段(O 点)(图 3.1)。

本书根据不同温度数据采用不同的地温梯度计算方法。对于静井温度数据利用式(3.1)计算得到地温梯度；而对于流温数据(测井测温)寻找中性点(O 点)的温度及深度，再利用式(3.1)计算得到地温梯度。

$$G = (T - T_0)/Z \tag{3.1}$$

式中，G 为地温梯度，℃/km；T 为地层温度，℃；T_0 为地表温度，℃，取查干凹陷年平均温度(约 9 ℃)；Z 为地层深度，m。

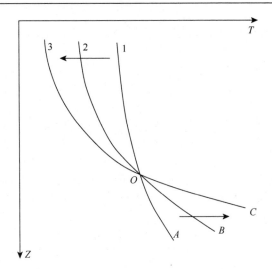

图 3.1 停钻后井液温度恢复曲线示意图

3-C 线为原始地温曲线，O 点为中性点(井液温度和围岩地温相平衡)，1-A 线为停钻后不久的测温曲线，2-B 线是停钻一段时间的测温曲线，随停钻时间的增加，测温曲线向箭头所指方向变化，箭头指向是地温恢复的方向

2. 大地热流计算方法

大地热流是一个综合性参数，它比其他地热参数(如温度、地温梯度)更能确切地反映一个地区地热场的特征。可由下式计算得到：

$$q = -K \times G \tag{3.2}$$

式中，q 为大地热流，mW/m^2；K 为岩石热导率，$W/(m·K)$；G 为地温梯度，$℃/km$；负号表示大地热流方向与地温梯度方向相反。

3.1.2 基本参数

目前，共收集到 3 口测井测温数据(图 3.2)和 6 口井 49 个试油温度数据(图 3.3)，数据集中在西部次凹的巴润中央构造带和乌力吉构造带。从图 3.3 可以看出，温度随深度呈现线性关系，反映查干凹陷表现出传导型地温场特征。

岩石热导率是计算大地热流的重要参数之一，其准确与否直接关系到大地热流的精度。由于查干凹陷新生界和上白垩统岩石比较疏松且不是油气勘探的目的层，没有岩心样品，而且地表不见出露，因此本书只采集了从下白垩统巴一段到下白垩统银根组的岩心样品，包括 19 口井 107 块岩样，为了保证样品具有代表性，取样时尽量使每一个层位都包括一定量不同岩性的样品。样品由中国科学院地质与地球物理研究所岩石热物性实验室测量。岩石热导率测试为干岩样，前人研究认为岩石热导率除受岩石自身成分和结构影响之外，还主要受是否饱水的影响(Frédéric et al.，1990；Stefánsson，1997；Cosenza et al.，2003；Jougout and Revil，2010)，因此在计算大地热流之前，先要对岩石热导率进行饱水校正。结合前人的研究成果(Frédéric et al.，1990；Stefánsson，1997；Cosenza et al.，2003；Jougout and Revil，2010)，采用以下思路对查干凹陷岩石热导率进行校正。

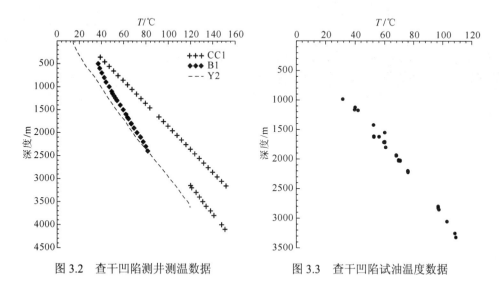

图 3.2　查干凹陷测井测温数据　　图 3.3　查干凹陷试油温度数据

对单一矿物成分的岩石而言，热导率可表示为

$$K=K_m^{1-\phi} \times K_w^{\phi} \tag{3.3}$$

式中，ϕ 为孔隙度，%；K_m 为基质或骨架的热导率，W/(m·K)；K_w 为孔隙水的热导率，取 0.6W/(m·K)；K 为岩石的热导率，W/(m·K)。

$$K_{m0}=K_m^{1-\phi} \times K_{空气}^{\phi} \tag{3.4}$$

式中，ϕ 和 K_m 同上；K_{m0} 为常温下实测岩样热导率值，W/(m·K)；$K_{空气}$ 为空气的热导率，取 0.0257W/(m·K)。

利用以上校正公式，对干燥状态的岩样的热导率进行饱水的原地校正(表 3.1，图 3.4)，其中泥岩、砂岩及岩浆岩的岩石热导率分别为 2.18W/(m·K)、2.44W/(m·K) 和 1.85W/(m·K)(图 3.5)。查干凹陷岩石热导率随深度增加而逐渐增加，并表现为校正值比实测值稍大些，平均增大 7.7%(图 3.4)。

查干凹陷中、新生界岩性主要包括砂岩、泥岩和岩浆岩，只在乌力吉构造带上发现少量的白云岩。因此，本书不考虑白云岩的岩石热导率的影响。根据统计的 28 口井地层砂岩、泥岩和岩浆岩的含量(表 3.2)，按式(3.5)利用加权平均求取不同地层的热导率 K。

$$K=K_s P_s + K_n P_n + K_m P_m \tag{3.5}$$

式中，K_s、K_n、K_m、P_s、P_n 和 P_m 分别为砂岩、泥岩、岩浆岩的热导率以及它们的百分含量。

表 3.1　查干凹陷岩石热导率测试结果

序号	井名	深度/m	岩性	孔隙度/%	热导率/[W/(m·K)]		取样层位
					实测	校正	
1	CD1	749.26	玄武岩	4.00[①]	3.01	3.10	K_1s^2
2	CD1	813.50	玄武岩	4.00[①]	1.52	1.65	K_1s^2
3	CD1	873.42	凝灰岩	3.00[①]	1.71	1.81	K_1s^2
4	J6	764.72	玄武岩	4.70[②]	1.47	1.62	K_1s^2
5	J6	769.32	玄武岩	4.60[②]	1.61	1.76	K_1s^2
6	J6	898.43	玄武岩	5.00[②]	1.95	2.10	K_1s^2
7	J6	904.23	安山岩	6.00[②]	1.52	1.70	K_1s^2
8	J6	1185.32	变质岩	0.60[①]	2.76	2.78	P
9	L1	2430.00	凝灰岩	6.99[②]	2.17	2.36	K_1s^1
10	L1	2436.34	泥岩	0.03[①]	1.95	1.95	K_1s^1
11	L1	3359.70	泥岩	0.01[①]	1.78	1.78	K_1b^1
12	L1	3360.20	细砂岩	1.00[①]	2.63	2.66	K_1b^1
13	M10	2154.00	泥岩	4.10[①]	2.18	2.30	K_1s^1
14	M10	2431.95	含砾砂岩	5.10[②]	1.92	2.08	K_1b^2
15	M10	2445.68	细砂岩	4.20[②]	2.06	2.19	K_1b^2
16	M10	2501.71	泥质粉砂岩	5.40[②]	2.02	2.18	K_1b^2
17	M10	2688.94	泥岩	5.30[①]	1.64	1.81	K_1b^2
18	M10	2833.56	砂砾岩	3.80[②]	2.55	2.65	K_1b^1
19	M10	2951.84	泥岩	3.50[①]	2.17	2.28	K_1b^1
20	M10	3136.30	砂砾岩	4.80[②]	2.60	2.72	K_1b^1
21	M10	3138.00	泥岩	2.90[①]	2.06	2.16	K_1b^1
22	M10	3138.60	泥岩	2.90[①]	2.44	2.52	K_1b^1
23	M10	3337.16	砾岩	4.70[①]	2.50	2.62	K_1b^1
24	M11	2073.28	粉砂岩	8.00[②]	2.26	2.46	K_1s^1
25	M11	2079.68	砾岩	11.90[②]	2.83	2.96	K_1s^1
26	M11	3297.06	砂砾岩	4.80[②]	2.71	2.83	K_1b^2
27	M11	3540.08	砂砾岩	3.70[②]	2.92	3.00	K_1b^1
28	M11	3770.40	砂砾岩	2.00[②]	3.26	3.30	K_1b^1
29	M11	3887.66	白云岩	2.00[①]	4.53	4.53	K_1b^1
30	M11	3918.17	片麻岩	0.01[①]	2.39	2.39	K_1b^1
31	M12	1086.19	粉砂质泥岩	9.00[①]	1.79	2.03	K_1s^2
32	M3	1257.07	粉砂岩	10.70[①]	2.32	2.53	K_1s^2

续表

序号	井名	深度/m	岩性	孔隙度/%	热导率/[W/(m·K)]		取样层位
					实测	校正	
33	M3	1258.77	粉砂质泥岩	9.00[①]	1.71	1.96	K_1s^2
34	M3	1262.27	安山岩	10.70[②]	1.49	1.78	K_1s^2
35	M3	1265.97	玄武岩	10.70[①]	1.02	1.32	K_1s^2
36	M3	1267.97	玄武岩	10.70[①]	0.86	1.14	K_1s^2
37	M3	1667.20	玄武岩	6.00[②]	2.04	2.21	K_1s^2
38	M3	1669.00	凝灰岩	3.00[②]	1.73	1.83	K_1s^2
39	M3	1830.36	砂砾岩	3.40[②]	2.11	2.21	K_1s^2
40	M4	1119.38	砂砾岩	19.20[②]	2.04	2.28	K_1s^2
41	M4	1140.99	玄武岩	11.30[②]	0.94	1.25	K_1s^2
42	M4	1859.51	砂砾岩	7.50[②]	2.40	2.58	K_1s^2
43	M5	1709.75	玄武岩	6.40[①]	1.59	1.78	K_1s^2
44	M5	2275.37	粉砂质泥岩	3.10[①]	2.56	2.64	K_1s^1
45	M5	2481.34	粉砂岩	5.40[①]	1.80	1.96	K_1s^1
46	M5	2481.64	粉砂岩	5.40[①]	2.06	2.22	K_1s^1
47	M5	2482.23	粉砂岩	5.40[①]	2.42	2.56	K_1s^1
48	M5	2943.84	泥岩	1.20[①]	2.10	2.14	K_1s^1
49	M6	1085.76	中砂岩	8.00[②]	2.04	2.25	K_1s^2
50	M6	1148.11	砂砾岩	8.00[②]	2.12	2.33	K_1s^2
51	M7	1198.40	砾状砂岩	13.00[②]	2.08	2.34	K_1s^2
52	M7	1201.30	泥岩	5.00[①]	1.58	1.74	K_1s^2
53	M7	1261.00	玄武岩	6.00[①]	1.39	1.57	K_1s^2
54	M8	717.94	泥质砂岩	20.20[①]	1.80	2.10	K_1y
55	M8	757.15	泥质粉砂岩	20.80[②]	1.78	2.08	K_1y
56	M8	764.21	泥岩	8.00[①]	1.96	2.17	K_1y
57	M8	774.16	粗砂岩	19.80[②]	1.14	1.57	K_1y
58	M8	826.66	粉砂岩	17.50[②]	1.60	1.95	K_1y
59	M8	838.21	粗-细砂岩	16.00[②]	1.70	2.02	K_1y
60	M8	840.74	砂砾岩	16.00[②]	2.49	2.65	K_1y
61	M9	764.26	砂砾岩	14.20[②]	1.75	2.06	K_1y
62	M9	767.31	泥岩	7.10[①]	1.91	2.11	K_1y
63	M9	767.88	泥岩	7.10[①]	2.00	2.19	K_1y
64	X2	2604.57	泥质粉砂岩	4.00[①]	2.01	2.13	K_1b^2
65	X2	2746.34	粉砂岩	1.90[①]	2.47	2.53	K_1b^2
66	X2	2864.21	粉砂质泥岩	3.20[①]	2.12	2.22	K_1b^2

序号	井名	深度/m	岩性	孔隙度/%	热导率/[W/(m·K)]		取样层位
					实测	校正	
67	X2	2865.91	泥岩	3.20[①]	2.06	2.16	K_1b^2
68	X2	2888.92	中砂岩	6.60[②]	2.67	2.81	K_1b^2
69	X2	2894.97	粉砂质泥岩	0.90[①]	2.36	2.39	K_1b^2
70	X2	2907.03	泥岩	0.90[①]	2.20	2.23	K_1b^2
71	X2	3194.72	泥岩	0.50[①]	2.27	2.29	K_1b^2
72	X2	3195.62	泥岩	0.50[①]	2.18	2.19	K_1b^2
73	X5	1936.02	泥质白云岩	4.70[①]	1.92	2.07	K_1s^1
74	X5	1950.49	含砾砂岩	5.40[②]	2.71	2.84	K_1s^1
75	X5	1951.99	泥岩	2.50[①]	1.89	1.97	K_1s^1
76	Y2	2120.46	砂砾岩	14.80[②]	2.02	2.29	K_1s^1
77	Y2	2123.36	凝灰岩	3.10[①]	1.84	1.94	K_1s^1
78	Y2	2124.46	玄武岩	5.20[①]	1.82	1.98	K_1s^1
79	Y2	2694.20	安山岩	2.73[②]	2.08	2.17	K_1s^1
80	Y2	2718.18	含砾砂岩	2.51[②]	1.64	1.72	K_1s^1
81	Y2	2720.28	泥页岩	1.00[①]	2.38	2.41	K_1s^1
82	Y2	2721.78	泥岩	1.00[①]	2.15	2.18	K_1s^1
83	Y2	3070.04	凝灰质角砾岩	2.70[①]	1.91	2.00	K_1s^1
84	Y2	3075.14	凝灰质角砾岩	2.70[①]	1.85	1.93	K_1s^1
85	Y2	3078.86	泥岩	0.50[①]	2.06	2.07	K_1s^1
86	Y2	3586.26	泥岩	0.50[①]	2.11	2.12	K_1b^2
87	Y2	3588.06	粉砂质泥岩	0.50[①]	2.41	2.43	K_1b^2
88	Y2	3588.76	泥岩	0.50[①]	2.47	2.49	K_1b^2
89	Y2	4010.86	粉砂质泥岩	0.30[①]	2.00	2.01	K_1b^2
90	Y3	1818.87	粉砂岩	8.00[②]	2.26	2.45	K_1s^2
91	Y3	2981.48	砾岩	5.00[②]	3.23	3.31	K_1s^1
92	Y3	3343.85	砾岩	3.60[②]	2.93	3.02	K_1b^2
93	Y4	1527.84	细砂岩	7.40[②]	2.44	2.61	K_1s^1
94	Y4	1528.34	粉砂质泥岩	3.70[①]	2.37	2.48	K_1s^1
95	Y4	1533.74	玄武岩	7.40[①]	1.61	1.83	K_1s^1
96	Y4	1650.04	泥岩	2.00[①]	2.42	2.48	K_1b^2
97	Y4	1653.04	粉砂岩	8.30[①]	1.99	2.21	K_1b^2
98	Y4	1674.48	粉砂质泥岩	3.00[①]	2.41	2.50	K_1b^2
99	Y4	1687.67	泥岩	2.00[①]	2.20	2.26	K_1b^2
100	Y4	1688.42	泥岩	2.00[①]	1.46	1.53	K_1b^2

续表

序号	井名	深度/m	岩性	孔隙度/%	热导率/[W/(m·K)]		取样层位
					实测	校正	
101	Y4	1706.39	砂砾岩	6.50②	3.45	3.51	K_1b^2
102	Y4	1831.08	含砾砂岩	4.10②	2.92	3.01	K_1b^1
103	Y6	1759.38	凝灰岩	5.00①	1.62	1.78	K_1s^1
104	Y6	1764.78	泥岩	6.00①	1.81	1.98	K_1s^1
105	Y6	1769.69	含砾粗砂岩	12.00②	2.66	2.82	K_1s^1
106	Y6	1772.26	凝灰岩	5.00①	1.36	1.51	K_1s^1
107	Y6	1776.46	玄武岩	8.90①	1.56	1.81	K_1s^1

注：①为声波测井计算得到的孔隙度；②为样品实测孔隙度；样品岩石热导率由中国科学院地质与地球物理研究所岩石热物性实验室测试。

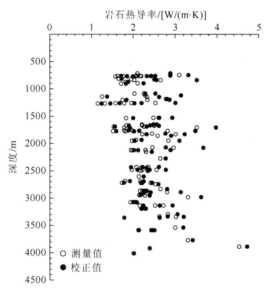

图 3.4　查干凹陷岩石热导率

表 3.2　查干凹陷地层热导率

地层	砂岩热导率/(mW/m²)	砂岩含量/%	泥岩热导率/(mW/m²)	泥岩含量/%	岩浆岩热导率/(mW/m²)	岩浆岩含量/%	原位热导率/(mW/m²)	样品数(砂岩/泥岩/岩浆岩)
K_1y	2.05	50.9	2.14	49.1	—	—	2.09	10(6/4/0)
K_1s^2	2.29	22.6	1.97	55.2	1.80	22.3	1.97	27(12/9/6)
K_1s^1	2.45	22.7	2.24	53.6	1.91	23.7	2.21	29(9/3/17)
K_1b^2	2.55	29.9	2.21	70.1	—	—	2.31	25(10/15/0)
K_1b^1	2.85	39.0	2.18	61.0	—	—	2.44	11(7/4/0)

　　表 3.2 是校正后的各地层的岩石热导率结果，其中下白垩统巴一段和巴二段岩石热导率较高，分别为 2.44W/(m·K) 和 2.31W/(m·K)；由于苏红图组含有一定的岩浆岩，岩浆岩的热导率相对较低，使得苏红图组热导率相对较低；银根组埋藏相对较浅，岩石较疏松，孔隙度较大，使得岩石热导率偏低，因此银根组表现为低的热导率。同时，参考中国西北部盆地相似地层(邱楠生，2002)对没有岩心样品的新生界和下白垩统乌兰苏海组的热导率进行推测，分别为 0.85W/(m·K) 和 1.46W/(m·K)。

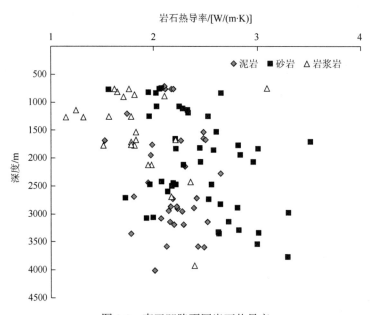

图 3.5　查干凹陷不同岩石热导率

　　生热率是反映沉积盆地热能量的关键参数之一，也是烃源岩热演化模拟的重要热参数之一。利用下式对查干凹陷各地层的生热率进行计算。

$$A=A_sP_s+A_nP_n+A_mP_m \tag{3.6}$$

式中，A_s、A_n、A_m 分别为砂岩、泥岩、岩浆岩的生导率，$\mu W/m^3$；P_s、P_n 和 P_m 同上。

　　这次研究在核工业北京地质研究院测试了查干凹陷岩石生热率 70 块样品(表 3.3，图 3.6)，通过式(3.6)计算得到查干凹陷各地层的生热率(表 3.4)，其中计算结果显示查干凹陷下白垩统的生热率(2.40～2.89$\mu W/m^3$)比中国其他盆地中生界的热导率高，如柴达木盆地的生热率为 1.62$\mu W/m^3$、准噶尔盆地的生热率为 1.69$\mu W/m^3$、塔里木盆地的生热率为 0.80$\mu W/m^3$(邱楠生，2002)。查干凹陷较高的生热率揭示该凹陷地层具有较高的能量及较高的地温梯度。

表3.3　查干凹陷岩石生热率测试结果

序号	井名	深度/m	岩性	生热率/(μW/m³)	取样层位	序号	井名	深度/m	岩性	生热率/(μW/m³)	取样层位
1	M8	764.21	泥岩	4.29	K_1y	32	Y2	2721.78	泥岩	2.79	K_1s^1
2	M9	767.88	泥岩	3.46	K_1y	33	Y2	2720.28	泥页岩	3.16	K_1s^1
3	M8	717.94	砂质泥岩	2.78	K_1y	34	M5	2481.34	粉砂岩	5.59	K_1s^1
4	M8	757.15	泥质粉砂岩	4.02	K_1y	35	M11	2073.28	粉砂岩	2.45	K_1s^1
5	M8	774.16	粗砂岩	1.13	K_1y	36	M5	2482.23	粉砂岩	2.93	K_1s^1
6	M8	838.21	粗-细砂岩	0.87	K_1y	37	M5	2481.64	粉砂岩	3.71	K_1s^1
7	M8	826.66	粉砂岩	2.73	K_1y	38	Y2	3075.14	凝灰质角砾岩	0.69	K_1s^1
8	M8	840.74	砂砾岩	0.84	K_1y	39	Y2	3070.04	凝灰质角砾岩	0.60	K_1s^1
9	M12	1086.19	泥质粉砂岩	1.90	K_1s^2	40	Y2	2718.18	含砾砂岩	3.20	K_1s^1
10	M3	1257.07	粉砂岩	2.55	K_1s^2	41	Y3	2981.48	砾岩	1.95	K_1s^1
11	Y3	1818.87	粉砂岩	2.23	K_1s^2	42	M11	2079.68	砾岩	1.78	K_1s^1
12	Y2	2123.36	凝灰岩	1.02	K_1s^2	43	Y4	1527.84	细砂岩	2.56	K_1s^1
13	M6	1148.11	砂砾岩	1.28	K_1s^2	44	Y4	1533.74	玄武岩	0.87	K_1s^1
14	Y2	2120.46	砂砾岩	1.30	K_1s^2	45	Y2	2694.20	安山岩	1.31	K_1s^1
15	M6	1085.76	中砂岩	1.66	K_1s^2	46	Y4	1674.48	粉砂质泥岩	2.56	K_1b^2
16	J6	898.43	玄武岩	1.59	K_1s^2	47	Y2	3588.06	粉砂质泥岩	1.43	K_1b^2
17	CD1	873.42	玄武岩	1.14	K_1s^2	48	X2	2864.21	粉砂质泥岩	4.57	K_1b^1
18	M3	1667.20	玄武岩	1.12	K_1s^2	49	X2	2894.97	粉砂质泥岩	3.18	K_1b^1
19	CD1	813.50	玄武岩	1.40	K_1s^2	50	Y2	4010.86	粉砂质泥岩	3.52	K_1b^2
20	Y2	2124.46	玄武岩	0.51	K_1s^2	51	X2	2907.03	泥岩	3.84	K_1b^2
21	M5	1709.75	玄武岩	1.25	K_1s^2	52	X2	3194.72	泥岩	4.68	K_1b^2
22	CD1	749.26	玄武岩	2.52	K_1s^2	53	X2	2865.91	泥岩	4.97	K_1b^2
23	J6	769.32	玄武岩	1.75	K_1s^2	54	Y4	1650.04	泥岩	2.96	K_1b^2
24	J6	764.72	玄武岩	1.89	K_1s^2	55	Y2	3588.76	泥岩	3.09	K_1b^2
25	M3	1262.27	安山岩	1.58	K_1s^2	56	Y2	3586.26	泥岩	2.92	K_1b^2
26	J6	904.23	安山岩	1.83	K_1s^2	57	X2	3195.62	泥岩	3.01	K_1b^2
27	M5	2275.37	粉砂质泥岩	3.16	K_1s^1	58	Y4	1687.67	泥岩	2.71	K_1b^2
28	Y4	1528.34	粉砂质泥岩	2.68	K_1s^1	59	Y4	1688.42	泥岩	2.69	K_1b^2
29	L1	2436.34	泥岩	3.90	K_1s^1	60	X2	2604.57	泥质粉砂岩	1.10	K_1b^2
30	Y2	3078.86	泥岩	1.26	K_1s^1	61	X2	2746.34	粉砂岩	2.96	K_1b^2
31	M5	2943.84	泥岩	4.32	K_1s^1	62	Y4	1653.04	粉砂岩	3.15	K_1b^2

序号	井名	深度/m	岩性	生热率/(μW/m³)	取样层位	序号	井名	深度/m	岩性	生热率/(μW/m³)	取样层位
63	Y4	1706.39	砂砾岩	1.31	K_1b^2	67	M10	3138.00	泥岩	2.97	K_1b^1
64	Y3	3343.85	砾岩	1.87	K_1b^2	68	M10	3136.30	砂砾岩	1.52	K_1b^1
65	X2	2888.92	中砂岩	1.21	K_1b^2	69	Y4	1831.08	含砾砂岩	2.27	K_1b^1
66	M10	3138.60	泥岩	2.67	K_1b^1	70	J6	1185.32	变质岩	0.60	P

注：样品生热率由核工业北京地质研究院分析测试研究中心测试。

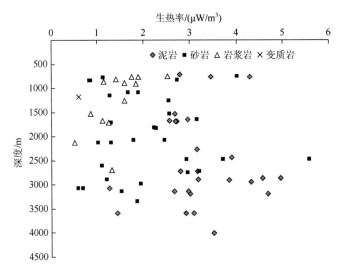

图 3.6 查干凹陷岩石生热率

表 3.4 查干凹陷地层生热率

地层	砂岩生热率/(μW/m³)	砂岩含量/%	泥岩生热率/(μW/m³)	泥岩含量/%	岩浆岩生热率/(μW/m³)	岩浆岩含量/%	生热率/(μW/m³)	样品数(砂岩/泥岩/岩浆岩)
K_1y	3.51	50.9	1.92	49.1	—	—	2.70	10(5/3/0)
K_1s^2	3.04	22.6	1.71	55.2	1.51	22.3	2.40	27(3/1/13)
K_1s^1	3.04	22.7	2.55	53.6	1.09	23.7	2.47	29(11/7/2)
K_1b^2	3.30	29.9	1.93	70.1	—	—	2.89	25(6/14/0)
K_1b^1	2.82	39.0	1.90	61.0	—	—	2.46	11(2/2/0)

3.2 现今地温场状态

3.2.1 单井地温梯度计算结果

这次共收集到 9 口井的温度数据，其中 B1 井、CC1 井和 Y2 井为测井测温。M1 井位于乌力吉构造带，于 1997 年 5 月 3 日开钻，同年 6 月 29 日完钻，7 月 13 日完井，先后共进行了 7 次井温测试，由于井温受钻井时的钻头摩擦生热及钻井液的温度影响，一般在完井较长一段时间后测试的温度才能代表真实的地层温度。从恢复的地温梯度看，1997 年进行了 4 次测温，其地温梯度为 30.5℃/km；而 1998 年测试的 3 次井温，恢复的地温梯度为 36.4℃/km，明显比由 1997 年温度数据恢复得到的地温梯度高。由于该井关井时间近 1 年，地层的温度基本恢复到钻前的状态，因此 1998 年测试的数据基本能反映该井真实的地温梯度(图 3.7a)。

从 M1 井不同时间的测试温度数据变化情况可以看出，钻井液对地层温度的影响十分明显。因此对于刚完钻就进行测井测温的 B1 井和 Y2 井，不能简单地利用温度数据回归获取地温梯度，而应该通过识别中性点来计算地温梯度。B1 井和 Y2 井的测温曲线分别在 1000m 和 450m 左右出现拐点，推测为中性点(图 3.7b、c)，利用中性点对应的温度和深度计算得到 B1 井、Y2 井的地温梯度分别为 38.0℃/km 和 32.0℃/km。CC1 井进行了 2 次测温，同一深度测试的温度相差超过 30℃，可能是测井仪器出问题所致，而第二次测温基本能代表地层实际温度，计算得到该井的地温梯度为 32.4℃/km(图 3.7d)。其他井大多为静温数据，可以利用式(3.1)进行计算，得到的地温梯度近似代表该井的实际地温梯度，其现今地温梯度在 30.5~38.0℃/km，平均地温梯度为 33.6℃/km (表 3.5)。

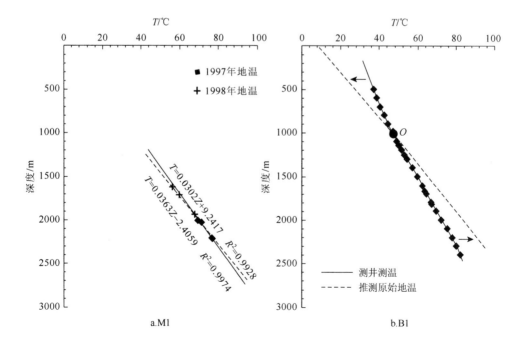

a.M1　　　　　　　　　　　　b.B1

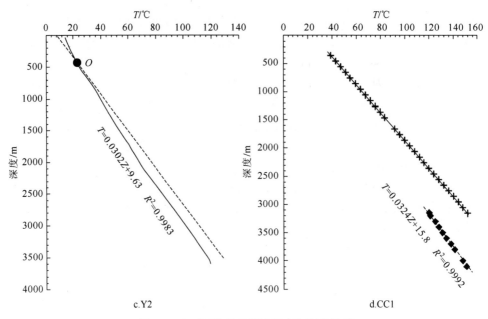

c.Y2　　　　　　　　　　　　　　　d.CC1

图 3.7　查干凹陷单井测试温度与深度关系

表 3.5　查干凹陷地温梯度和大地大地热流计算结果

序号	井名	经度	纬度	深度范围/m	地温梯度/(℃/km)	热导率/[W/(m·K)]	大地热流/(mW/m²)	质量类别
1	Y2	106.446°E	41.627°N	0~3508	32.0	2.17	69.4	A
2	CC1	106.505°E	41.663°N	3150~4100	32.4	2.35	76.1	A
3	B1	106.565°E	41.712°N	500~1148	38.0	2.25	85.5	B
4	M1	106.515°E	41.557°N	1146~1900	36.3	2.16	78.4	B
5	M6	106.557°E	41.586°N	1122~1175	37.7	2.16	81.4	B
6	M10	106.588°E	41.655°N	2795~2826	31.5	2.23	70.2	B
7	L1	106.532°E	41.589°N	2850~3340	30.8	2.33	71.8	B
8	Y4	106.615°E	41.724°N	0~1550	32.9	2.17	71.4	C
9	M9	106.604°E	41.637°N	0~1422	30.5	2.16	65.9	C

3.2.2　单井大地热流计算结果

由于盆地内沉积层的压实作用不同，不同层位由于其热导率不同，地温梯度也不相同，通常表现为随深度增大而减小，因此，地温梯度不是表征盆地热状态的理想参数。地表热流为地温梯度与热导率的乘积，相对而言是一个更能表达盆地热状态的综合热参数，是标志区域基本地热特征的热量参数。根据以上原位校正的岩石热导率和地温梯度数据，利用热阻法（Chapman et al.，1984）计算得到了 9 口井的大地热流(表 3.5)。查干凹陷大地热流为 65.9~85.5mW/m²，平均为 74.5mW/m²。

根据热流参数中测温资料、热导率数据的数量和质量等，将热流数据区分为：A.高质量类；B.质量较高类；C.质量较差或质量不明类三类；将明显存在浅部或局部因素的干扰或测点位于地表地热异常区的热流数据归为 D 类。按照以上标准区分出 2 个 A 类数据，5 个 B 类数据和 2 个 C 类数据(表 3.5)。

3.2.3　现今地温场分布状态

根据单井的地温梯度和大地热流值，结合钻井、录井、岩性、岩石物性、构造分区及地震解释结果等资料，对无数据区进行推测，最后编制了查干凹陷现今地温梯度(图 3.8)和大地热流平面分布图(图 3.9)。

查干凹陷地温梯度和大地热流平面分布具有一致性，均反映毛敦次凸地温梯度最高，其次是东部次凹，西部次凹最低。西部次凹内部，乌力吉构造带和巴润中央构造带等构造高部位地温梯度较高，洼陷带较低。这反映其地温场分布主要受凸凹相间的构造格局控制，与基底埋深相关，并受凹陷区较厚沉积盖层和凹陷四周的凸起之间产生的"热折射"效应影响，结果在凸起区形成地温梯度和大地热流高值区，而凹陷区形成地温梯度和大地热流低值区，整体上反映出区域构造的轮廓。

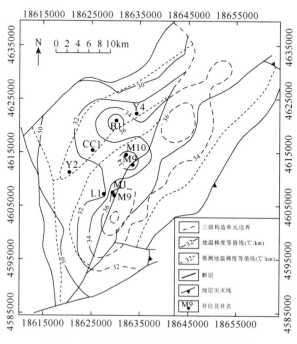

图 3.8　查干凹陷现今地温梯度平面分布图

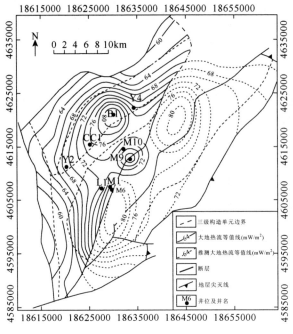

图 3.9　查干凹陷大地热流平面分布图

3.3　讨　论

3.3.1　现今地温场性质

查干凹陷现今地温梯度在 30.5～38.0℃/km，平均地温梯度为 33.6℃/km，比全球平均地温梯度高（30.0℃/km），也比中国西北部其他盆地高，如酒泉盆地群现今地温梯度是 25.1～30.0℃/km，酒西盆地地温梯度平均为 28.6℃/km，吐哈盆地地温梯度在 20～30℃/km（任战利，1998）；但比东北部盆地低，如松辽盆地的现今地温梯度平均为 37.0℃/km（任战利，1998）；与渤海湾盆地相当，如渤海海域和东濮凹陷的现今平均地温梯度分别为 31.8℃/km（Zuo et al.，2011）、32.0℃/km（Zuo et al.，2014）。因此，查干凹陷的地温梯度具有中温型地温场的性质，其地温梯度随深度的变化而变化，与岩石热导率呈负相关关系，不能准确反映凹陷的热状态，而大地热流能够客观地反映一个地区的热状态。从单井大地热流值看，查干凹陷平均为 74.5mW/m²，比元古代克拉通的平均值（55.0±17mW/m²）（Rudnick et al.，1998）以及中国大陆中、西部地区诸多盆地或构造稳定区[如四川盆地（53.0mW/m²）和南阳地区（55.0mW/m²）（汪洋等，2001）]高，而比新生代构造活动区[如美国盆地山脉省约 83.0mW/m²（Morgan，1982）]、现代大陆边缘扩张盆地[如南海盆地，78.3mW/m²（何丽娟等，1998）]和现代大陆裂谷[如贝加尔裂谷，99.0mW/m²（Morgan，1982）]低。因此，查干凹陷具有构造稳定区与构造活动区之间的热状态。根据以上研究，可以确定查干凹陷现今地温场整体表现为构造稳定区与构造活动区的中温型地温场特征。

3.3.2 大地热流的构造背景

大地热流是盆地动力学成因和岩石圈构造-热演化过程的客观反映。不同成因不同时代的盆地，其现今的热状态存在明显差异(Irina，2006)。处于新生代构造活动区[如美国盆地山脉省约 83.0mW/m^2(Morgan，1982)]、现代大陆边缘扩张盆地[如南海盆地，78.3mW/m^2(何丽娟等，1998)]和现代大陆裂谷[如贝加尔裂谷，99.0mW/m^2(Morgan，1982)]的大地热流均为高热流值；而前寒武系地盾区[约41.8mW/m^2(陈墨香，1988)]和克拉通盆地[如准噶尔盆地(Wang et al.，2000)和柴达木盆地(邱楠生，2001)]的热流相对较低。查干凹陷大地热流平均为74.5mW/m^2，由于以上 9 口井都位于构造高部位，如果考虑到凹陷低部位的大地热流较高部位低，实际的平均大地热流会稍低于74.5mW/m^2，因此查干凹陷具有构造活动区与构造稳定区之间的地热状态。

查干凹陷所处的银-额盆地为早白垩世阿尔金断裂向北东方向延伸走滑拉分而形成(车自成等，1998)，并且走滑断裂切入岩石圈的上地幔(许志琴等，1999；刘永江等，2003)，在盆地形成过程中伴随岩浆大量喷溢和岩石圈的大幅度拉伸减薄，在盆地中岩浆岩普遍存在于下白垩统苏红图组中(钟福平等，2011)，如在查干凹陷见苏红图组火山岩，下白垩统苏一段火山岩最厚达到 544.1m，苏二段最厚达到 223.2m。此时岩石圈减薄，地幔物质上涌，带来大量地幔热量，导致早白垩世具有高的地热背景，并在早白垩世晚期热流达到最大(左银辉等，2013a，2013b)，从晚白垩世开始，盆地进入拗陷期，但是上白垩统和新生界沉积厚度较薄(最厚的地区也不到 1500m)，对早白垩世的高热流没有起到降温的作用，现今地表热流仍呈现出白垩纪的热流状态，目前热流仍在衰退。

由于古近纪以来，太平洋板块向欧亚板块俯冲(陈长春，1994；Northrup and Royden，1995；侯贵廷等，1998，2001；李三忠等，2010)和印度板块向北俯冲及与欧亚板块碰撞(Wdrrall et al.，1996；Liu et al.，2004；许志琴等，2011)，目前印度板块仍以 50mm/a 的速率向欧亚板块运动(许志琴等，2011)，银-额盆地受到持续挤压作用的影响，导致盆地西南边界向北迁移，现在仍然不断地进行(杨纪林，2011)；而盆地东南面受太平洋板块北西西向的俯冲作用，同样导致盆地东南边界向北迁移(陈长春，1994；Northrup and Royden，1995；侯贵廷等，1998，2001；李三忠等，2010)；而北面西伯利亚板块对银-额盆地向北运动起阻挡作用(陈长春，1994；侯贵廷等，1998，2001；李三忠等，2010)。在这复杂的构造作用下，使得盆地仍处于较高地热状态。总的来说，银-额盆地现今所处的构造应力环境，使得盆地发生一定规模的构造运动，在尚丹拗陷和查干德勒苏拗陷可以发现一些逆断层和褶皱，但是构造运动强度又不如构造运动强烈的现代大陆边缘扩张盆地及新生代构造活动区强烈。可见银-额盆地现今处于构造活动区与构造稳定区之间的构造环境，这与查干凹陷大地热流揭示的构造背景相一致。

3.3.3 地温场与岩浆活动的关系

现今地温场不仅受岩浆侵入或喷出的地质时代的影响，还受岩浆侵入体的规模、几何形态及围岩的产状和热物理性质的影响（邱楠生等，2004）。岩浆侵入或喷出的地质时代越新，所保留的余热就越多，对现今地温场的影响就越强烈，并且有可能形成地热高异常区。近期的岩浆侵入，对现今地温场具有巨大的影响。至于第四纪以前发生的岩浆侵入，因岩体经过较长时间的冷却，岩浆余热已散失殆尽，对区域现今地温场影响不大或者可以忽略。但岩浆岩中如果富含放射性元素，即使冷却下来，也可对地温场产生影响。而第四纪以前的岩浆侵入或喷出对古地温场及古地温异常的影响是明显的。总体而言，岩浆活动对地温分布的影响一般认为不大（邱楠生等，2004）。例如，一个宽 5km、厚 500m、初始温度为 1000℃的板状岩浆侵入体在 0.054Ma 后围岩的温度已经基本恢复；一个直径为 1km 的圆柱状岩体，从初始温度 1200℃冷却到初始温度的 10%（120℃）所需要的时间仅为 0.032Ma（张菊明和熊亮萍，1986）。

查干凹陷在早白垩世苏红图组沉积时期共发生 10 期火山活动，岩性主要包括玄武岩、安山岩和凝灰岩，为喷出岩，目前还没有发现侵入岩。而喷出岩喷出地表，直接与空气接触，且热流传导优势方向是朝上的，因此热散失速率比侵入岩快很多。而且火山活动发生在早白垩世（110～100Ma），岩体经过较长时间的冷却，岩浆余热已散失殆尽，对区域现今地温场影响不大或者可以忽略。

3.3.4 现今地温场与油气的关系

国内外研究认为，一些盆地的有效烃源岩分布和油气生成受现今地温场的控制，如海拉尔盆地乌尔逊凹陷，新生代断陷盆地——渤海湾盆地（Zuo et al.，2011），另一些盆地现今地温场对有效烃源岩的控制作用不明显，如海拉尔盆地贝尔凹陷、呼和湖凹陷（崔军平和任战利，2011）。根据查干凹陷钻井的镜质体反射率数据与深度的关系，得出查干凹陷的生烃门限深度在 1100m 左右（图 3.6）。那么凹陷烃源岩生烃过程是否受现今地温场控制？根据平均地温梯度及平均地表温度计算得到 1100m 的地温是 46℃，还没有进入生油窗。可见查干凹陷烃源岩生烃过程是受古地温场控制，也反映在某一地质历史时期查干凹陷经历了巨大的剥蚀或热事件。因此，古地温场的研究对揭示查干凹陷烃源岩成熟度演化、生烃史、排烃史及成藏期次至关重要，具体见第 5 章。同时，现今地温场对古地温场的恢复具有约束作用，是古地温场研究的一项重要基础资料，具体见第 4 章。

第4章 中、新生代热史恢复

4.1 热史恢复原理及基本参数

4.1.1 热史恢复原理

研究沉积盆地热史的意义在于更全面地评价盆地内烃源岩生、排、运、聚等对应的地质时间。油气的生成与富集是在一定的温度和深度条件下，经历漫长地质时期演化的结果。在漫长地质历史中，区域地热可能有所变化，生油岩系可能也会随着空间位置以及其他条件的变化，遭受复杂的热历史，这将导致生油岩系经历复杂的生烃过程，从而影响油气排出与运移、油气成藏关键时期及油气藏在空间的分布等。因此，盆地热史的研究与油气有着密切的联系，而且沉积盆地热史研究是烃源岩成熟演化研究中的重要参数之一。

沉积盆地一般都经历了沉降沉积(增温)和抬升剥蚀(降温)等复杂的温度变化过程，恢复其热史难度较大。目前，关于盆地热史恢复的方法总体上可以分为两类：一类是利用古温标恢复盆地的热史(胡圣标等，1999；任战利等，2000a，2000b；Reiners et al.，2002；Hu et al.，2007；Ketcham et al.，2007；McCormack et al.，2007；邱楠生等，2010；Zuo et al.，2011，2013，2015；Qiu et al.，2012a，2012b，2014；Fernandes et al.，2013；Sahu et al.，2013)；另一类是利用地球动力学模型恢复岩石圈的热史(Mckenzie，1978；何丽娟，1999；He and Wang，2004；Menzies et al.，2007；He，2014)。利用古温标进行热史模拟时，古温标模拟结果的可信度由古温标(R_o、AFT 等)直接检验，其研究精度较高，是沉积盆地热史研究的最主要的方法。

1. 古温标

古温标指地层中用来指示地质过程中经历过的温度指标，是岩层中记录有热信息的物理或化学特性。目前，古温标种类较多，包括流体包裹体测温、镜质体反射率、沥青反射率、镜状体反射率、牙形石色变指数与荧光性、动物有机碎屑反射率、干酪根自由基浓度、矿物裂变径迹、(U-Th)/He 热定年、黏土矿物的共生组合关系及伊利石结晶度等。其中，比较成熟的古温标主要包括矿物裂变径迹和有机质镜质体反射率等。镜质体反射率是目前最常用的古温标之一，研究程度也最高，在早期普遍建立图版或经验公式来推算古地温(Cannan，1974；Waples，1980；Barker and Pawlewicz，1986)，而后众多有关镜质体演化的动力学模型被提出来，从而采用拟合计算方法来恢复盆地的热历史(Burnham and Sweeney，1989；

Sweeney and Burnham，1990；Carr，1999），其中 Sweeney 和 Burnham(1990)提出的模型普遍得到应用。镜质体反射率的演化主要受时间-温度的控制，有时也受到超压及物质成分的影响，这些影响近年来也受到众多学者的普遍关注，研究表明，超压及镜质体类型是目前考虑的主要影响因素(Carr，1999；马安来和张大江，2002；谢明举和邱楠生，2008)。

利用矿物裂变径迹恢复盆地热历史是近几十年来迅速发展起来的研究领域之一，可用于裂变径迹的矿物主要有磷灰石、锆石和榍石。其中，磷灰石裂变径迹的封闭温度在 60～125℃(Gleadow et al.，1983)，锆石的封闭温度为 230℃(Brandon and Vance，1992)，榍石的封闭温度在 240～300℃(Coyle and Wagner，1998)。目前相对成熟的磷灰石裂变径迹退火模型已经建立起来(Carlson et al.，1999；Donelick et al.，1999；Ketcham et al.，1999；邱楠生等，2005；Guedes et al.，2008)。值得注意的是，虽然镜质体反射率和磷灰石裂变径迹是目前恢复热史常用的两种方法，但它们也存在一定的局限。在我国海相碳酸盐岩地层中，既没有镜质体也没有磷灰石矿物，导致目前常用的古温标都无法使用(邱楠生等，2005)。

沥青指的是由富氢有机质形成的烃类流体经一系列地质作用转变而来的固体物质。国内外学者对于镜质体反射率和沥青反射率关系做过研究，提出了它们之间的关系式(丰国秀和陈盛吉，1988；Jacob，1989；刘德汉和史继扬，1994)。沥青反射率的优点是不受地层时代的限制，因此在评价下古生界有机质成熟度时显得尤为重要。但是沥青反射率有机质成熟度指标的可靠性目前还存在一定的讨论，主要焦点在于沥青的形成时间及成因类型。只有能够反映有机质整个热演化的指标才能作为良好的成熟度指标，而沥青属于次生有机组分，其反映的是形成以后所经历的热历史，如果沥青形成较晚(如储层沥青)，则不能反映地层的有机质成熟度。综上所述，沥青反射率可以作为有机质成熟度指标，但在具体应用时必须谨慎小心，综合地质背景及地化分析，区分多期次沥青和沥青的成因类型。

近年来，随着人们对矿物中 He 元素热扩散动力学机制认识的不断完善及元素测试精度的提高，(U-Th)/He 热定年技术在研究造山带剥蚀抬升历史、地形地貌演化、沉积物源及盆地热历史研究等方面越来越显示出其巨大的潜力，因此成为当今地学界的研究热点技术之一。(U-Th)/He 热定年是最早用于地质体定年的方法之一，早在 20 世纪初就被用于岩石的年龄测定，但是之后人们逐渐发现对于相同的样品用不同的定年方法得到的结果经常不一致，而(U-Th)/He 年龄明显偏小。由于 He 元素在矿物中的含量很低，这对化学测试精度要求较高，加之随着静态气相质谱技术的出现，U-Pb、Rb-Sr 和 K-Ar 等定年技术快速发展，人们侧重于地层的实际年龄，使得(U-Th)/He 热定年技术从提出之后很长一段时间内基本处于废弃状态(Reiners，2005)，1987 年，Zeiler 等通过实验对 Durango 地区磷灰石中

He 元素的扩散行为进行研究(Zeitler et al., 1987)，指出了磷灰石(U-Th)/He 热定年体系可以用来解释地质体通过较低温度的历史记录，这表明(U-Th)/He 热定年在热年代学方面具有巨大的潜力。之后的实验进一步明确了矿物中 He 元素的扩散特征(Lippolt et al., 1994；Farley et al., 1996；Wolf, 1996；Warnock et al., 1997)，从而为(U-Th)/He 热定年的发展奠定了实验基础。Wolf 等通过实验分析计算出在冷却速率为 10℃/Ma 的前提下，磷灰石的封闭温度为 75±5℃(Wolf, 1998)。在数值模拟方法方面，Wolf 等提出通过求解内生长-扩散方程(刘德汉和史继扬，1994)，从而获得不同热史路径下 He 年龄的演化情况。

随着激光加热技术的应用及实验室的自动化操作，(U-Th)/He 热定年变成一种常规测试，越来越多的学者致力于这一方面的研究，从而极大地促进了(U-Th)/He 热定年理论的发展及在各个研究领域的应用。目前，(U-Th)/He 热定年在国外的研究相对较多，许多相关单位都建立了(U-Th)/He 热年代学实验室；在国内，有关(U-Th)/He 热定年研究相对较少，近几年来也逐渐得到重视，目前已经建立了几家(U-Th)/He 热年代学实验室，如中国科学院地质与地球物理研究所岩石圈演化国家重点实验室，中国地质科学院地质研究所磷灰石(U-Th)/He 同位素定年实验室和中国地质调查局成都地质调查中心实验测试中心(U-Th)/He 低温热年代学技术方法研究体系。

除了以上所述古温标外，黏土矿物和自生矿物的组合关系、流体包裹体测温等也作为古温标用于沉积盆地热史研究，但它们都不同程度地存在缺陷，一直没有得到普遍应用。其中，包裹体测温古温标常用于缺少镜质体反射率等古温标的情况下，用于定性研究沉积盆地古地温梯度，其具体研究方法如下。

(1)剥蚀量求取：利用测井、地震等资料求取主要地质时期的剥蚀量；

(2)埋藏史重建：利用单井地层分层厚度和剥蚀量等重建单井埋藏史；

(3)古埋深求取：根据包裹体均一温度和样品深度，结合埋藏史图求取样品对应的古埋深；

(4)古地温梯度：根据古埋深和均一温度求取古地温梯度。

总之，有机质古温标热史反演法适合于历史上而不是现今达到最高古地温的盆地(胡圣标和汪集旸，1995；胡圣标等，1998；邱楠生等，2002；邱楠生，2005)。低温热年代学新型温标的特点在于它们不仅给出了相应的温度，而且给出了达到该温度的地质时间(胡圣标等，2008)。根据温标的不同，可以反演的温度范围也不同，多温标的联合可以较为全面、系统地恢复盆地温度史，而目前国际上的研究实例也多采用将 R_o 与(U-Th)/He 方法、裂变径迹等定年技术结合起来进行，以便利用不同样品封闭温度的不同，综合起来对复杂热史轨迹进行恢复(胡圣标等，2008)。

利用古温标恢复沉积盆地热史的具体思路是，盆地内一定深度的古温标取决于当时的古热流和古埋深及其相关的岩石热物理性质(如岩石热导率、生热率等)。当决定岩石热物理性质的有关参数确定以后,则地层的古温标就是埋深和古热流的函数。因此,在热史恢复中,沉积埋藏史的恢复是关键。对于正常连续沉积的盆地,地层的古埋深可以通过回剥技术和压实校正进行模拟。但绝大多数沉积盆地都存在抬升剥蚀的现象,此时,抬升剥蚀开始的时间和剥蚀量是地史模拟中的未知量。将这些有关的未知量作为控制量,通过模拟地层埋藏史和热历史,计算该热史路径下古温标的理论值及该理论值与实际值之间的方差,应用最优化方法就可以实现目标函数极小值的求取和埋藏史、热历史的反演及抬升剥蚀量的计算。

2. 地球动力学模型

利用盆地热动力学模型模拟盆地的热历史,也称之为构造-热演化法。由于盆地类型的差异、模型的适用范围有别,如何选择模型、如何根据盆地实际情况修正已有的模型是应用构造-热演化法研究盆地热流史最基础、最重要的工作。拉张盆地的构造-热演化模拟是在岩石圈的尺度通过求解瞬态热传导方程来研究盆地形成演化过程中的热历史和沉降史。关于其数学计算模型国外学者进行了大量的工作(McKenzie,1978;Isser and Beaumont,1989;Egan,1992;Keen and Dehler,1993;Fernandez and Ranalli,1998),其中 McKenzie(1978)提出的岩石圈伸展模型是目前应用最为广泛的热动力学模型,该模型认为:热流值从盆地扩张初期向后是逐渐降低的,即由冷却引起地壳的均衡沉降,沉降量和热流值取决于伸展量。它是一种瞬时均匀拉张模型,只适用于张性盆地和被动大陆边缘简单盆地的单期拉张。之后,Jarvis 和 McKenzie(1980)提出了非瞬时均匀纯剪模型,该模型的特点在于认为当拉伸时间较长时,拉伸期的热扩散不可以忽略。Royden 和 Keen(1980)提出了"双层非均一的纯剪拉伸模型",认为岩石圈在拉伸时其上部和下部受到的拉薄程度不一样,前者的大小主要控制了盆地裂陷发育的沉降量,后者则主要影响盆地的热流异常和热衰减沉降的大小。此外,还有热扩张模型(Sleep and Snell,1976)、简单剪切模型(Wernicke,1985)和热对流模型(Houseman and England,1986)等,但这些模型应用较少。在上述众多模型中,McKenzie(1978)的瞬时均匀纯剪模型是经典模型,它抓住了拉伸盆地形成演化的内在本质规律,其余模型多是针对不同地区或不同地质演化特征提出的在该经典模型基础上改造而成。

本书利用磷灰石裂变径迹(长度和年龄)、镜质体反射率和包裹体测温等古温标对查干凹陷中生代以来的热史进行恢复。其中裂变径迹热史模拟采用扇形模型(Laslett et al.,1987),镜质体反射率模拟热历史采用 EASY%R_o 模型(Sweeney and Burnham,1990)。

目前利用古温标恢复沉积盆地埋藏史及热史主要有两种方法：反演和正演。但是它们都存在一定的缺陷，在反演方法中只能得出样品经历的最大古地温梯度（或大地热流）、对应的地质时间（利用镜质体反射率古温标反演）及剥蚀量，或样品经历的温度演化曲线（利用矿物裂变径迹古温标反演），不能准确得出样品经历的地温梯度（或大地热流）演化路径；而正演则以假设热史路径和剥蚀量为前提条件进行模拟，故不能准确反映样品经历的最大古地温梯度（或大地热流）及剥蚀量。因此，研究中综合以上两种方法的优点提出正反演联合方法。该方法以反演得到的最大古地温梯度、剥蚀量及对应的地质时间为约束条件，拟合热史路径，利用正演方法恢复单井的埋藏史和热史。

正反演联合方法具体研究思路为：首先利用古温标数据反演得到样品经历的古地温梯度、剥蚀量及对应的地质时间，或者利用磷灰石裂变径迹反演得到样品经历的温度路径；再以古地温梯度及对应的地质时间为控制点，或以样品经历的温度路径为约束条件，结合盆地的构造演化史拟合出样品经历的地温梯度演化曲线，并以反演得到的剥蚀量为基础，结合单井现今地层厚度恢复地层埋藏史；以地温梯度演化曲线和埋藏史为基础，利用盆地模拟软件，采用正演的方法对单井的温度史及生烃史进行模拟，模拟得到的温标与实测的古温标进行对比，如果模拟值与实测值具有很好的拟合度，则认为假设的地温梯度演化曲线是可行的，如果拟合度较差，则修改地温梯度演化曲线，直到模拟值与实测值具有很好的拟合度为止，此时的地温梯度演化曲线则为该井经历的热史。

4.1.2 基本参数及古温标

在热历史模拟计算中需要的参数包括古温标数据和基础地质数据。

1. 古温标数据

古温标包括 14 口井 35 个磷灰石裂变径迹数据（表 4.1），15 口井 119 个镜质体反射率数据（表 4.2）和 16 口井 542 个包裹体测温数据（表 4.3）。

表 4.1　查干凹陷磷灰石裂变径迹测试结果

序号	井名	深度/m	地层	n	$\rho_s/(10^5/cm^2)$ (N_s)	$\rho_i/(10^5/cm^2)$ (N_i)	$\rho_d/(10^5/cm^2)$ (N_d)	$P(\chi^2)$ /%	t/Ma $(\pm 1\sigma)$	L/μm (N)	备注
1	Y1	1342.0	K_1y	28	4.281(936)	9.107(1991)	13.106(7312)	99.0	127±9	12.2±1.7(104)	>
2	Y1	1497.0	K_1y	7	0.301(10)	10.504(349)	13.155(7312)	94.1	7.8±2.6	—	<
3	Y2	2718.2	K_1s^1	11	4.465(219)	9.826(482)	13.301(7312)	0.1	107±18	13.2±1.8(19)	<
4	Y3	1817.7	K_1s^2	28	2.380(533)	8.003(1792)	13.008(7312)	1.5	80±6	12.1±1.8(54)	<
5	Y3	2978.7	K_1s^1	34	0.560(124)	12.254(2714)	13.252(7312)	64.7	13±1	—	<
6	Y3	3343.8	K_1b^2	32	0.414(23)	17.195(955)	13.179(7312)	85.4	6.6±1.4	—	<

序号	井名	深度/m	地层	n	$\rho_s/(10^5/cm^2)$ (N_s)	$\rho_i/(10^5/cm^2)$ (N_i)	$\rho_d/(10^5/cm^2)$ (N_d)	$P(\chi^2)$ /%	t/Ma $(\pm 1\sigma)$	L/μm (N)	备注
7	Y4	1057.2	K_1s^2	28	4.153(999)	13.707(3297)	13.350(7312)	42.8	84±6	12.1±1.6(104)	<
8	Y4	1529.5	K_1s^1	28	2.895(988)	11.787(4023)	13.301(7312)	8.7	68±5	11.7±1.6(104)	<
9	Y4	1651.6	K_1b^2	27	5.151(397)	14.027(1081)	13.301(7312)	5.2	101±9	10.6±1.7(37)	<
10	Y4	1703.8	K_1b^2	28	4.595(411)	12.308(1101)	13.350(7312)	0.2	98±11	10.8±1.7(76)	<
11	Y4	1832.1	K_1b^1	28	2.740(415)	9.110(1380)	13.350(7312)	2.5	81±8	11.2±1.7(31)	<
12	Y5	3418.0	K_1b^2	32	0.791(63)	16.666(1327)	12.984(7312)	1.1	13±2	10.8±1.7(14)	<
13	Y6	1591.0	K_1s^1	22	5.703(874)	13.657(2093)	12.886(7312)	33.4	111±8	11.7±1.6(101)	>
14	Y6	1761.5	K_1s^1	28	3.899(813)	11.353(2367)	13.350(7312)	0.9	95±8	11.9±1.8(100)	<
15	Y6	2179.0	K_1b^2	9	1.592(77)	8.602(416)	12.642(7312)	0	49±7	12.8±2.1(7)	<
16	M3	1257.6	K_1s^2	28	6.754(1517)	17.301(3886)	12.764(7312)	0	107±8	12.0±1.8(101)	<
17	M3	1797.8	K_1s^1	28	4.429(974)	9.577(2106)	12.812(7312)	4.6	121±9	11.4±2.0(101)	>
18	M3	1832.1	K_1s^1	28	3.257(860)	9.98(2635)	12.861(7312)	0.07	88±7	11.5±2.0(121)	<
19	M6	1147.9	K_1s^2	28	5.752(2044)	9.610(3415)	13.350(7312)	0	158±14	12.5±1.5(102)	>
20	M6	1082.6	K_1s^2	28	7.388(1048)	9.546(1354)	13.301(7312)	6.1	211±15	12.7±1.4(111)	>
21	M8	718.3	K_1y	29	7.299(1727)	16.715(3955)	13.057(7312)	7.8	118±8	12.7±1.5(109)	>
22	M8	811.7	K_1y	28	6.339(1035)	14.399(2351)	13.106(7312)	7.9	119±9	12.3±1.8(105)	>
23	M8	916.8	K_1s^2	28	6.655(859)	11.072(1429)	13.155(7312)	40.4	162±12	12.5±1.4(98)	>
24	M9	1300.0	K_1s^2	12	4.603(471)	11.864(1214)	13.131(7312)	22.9	105±9	11.6±1.7(73)	<
25	M9	1402.0	K_1s^2	23	9.131(1420)	17.555(2730)	13.033(7312)	0	136±11	11.1±2.0(105)	>
26	M9	765.2	K_1y	10	4.880(213)	8.959(391)	13.277(7312)	0.2	133±22	11.8±1.9(23)	>
27	M11	2077.4	K_1s^1	28	4.189(616)	10.248(1507)	13.350(7312)	0.5	114±10	11.9±1.6(80)	>
28	M11	3296.9	K_1b^2	30	0.322(98)	15.251(4646)	12.593(7312)	43.0	5.5±0.7	11.5±1.8(26)	<
29	M11	3540.7	K_1b^1	32	0.373(86)	13.255(3058)	12.691(7312)	69.7	7.4±0.9	11.5±0.9(4)	<
30	L1	2443.0	K_1s^1	17	2.225(168)	10.133(765)	13.350(7312)	82.1	61±6	11.1±2.0(17)	<
31	L1	3357.2	K_1b^2	17	0.962(188)	18.239(3566)	13.350(7312)	14.7	15±1	10.7±1.3(9)	<
32	L1	1977.5	K_1s^1	28	3.450(1040)	10.534(3176)	13.350(7312)	0	90±8	11.1±1.8(113)	<
33	吉6	752.0	K_1s^2	12	4.449(234)	8.519(448)	13.106(7312)	60.0	141±14	12.4±1.4(27)	>
34	吉6	1150.0	P	28	8.751(1692)	10.209(1974)	13.057(7312)	97.1	229±16	11.5±1.3(103)	>
35	CD1	679.2	K_1s^2	30	5.184(1255)	10.830(2622)	13.008(7312)	0	122±12	12.3±1.8(103)	>

注：n 为测量的磷灰石颗粒数；ρ_i 为外部探测器中的诱发径迹密度；ρ_s 为自发径迹密度；ρ_d 为标准径迹密度；N_i、N_s 和 N_d 为测量的径迹数；$P(\chi^2)$ 为 χ^2 概率；$t\pm1\sigma$ 为样品值裂变径迹年龄；L 为平均径迹长度；N 为测量的径迹数；"<" 为磷灰石裂变径迹年龄小于地层年龄；">" 为磷灰石裂变径迹年龄大于地层年龄；样品测试在中国科学院高能物理研究所核物理实验室完成。

表 4.2　查干凹陷镜质体反射率

序号	井号	深度/m	R_o/%	序号	井号	深度/m	R_o/%
1	M5	2306.00	0.56	36	M10	3137.80	1.11
2	M5	2466.00	0.64	37	M10	2443.28	1.07
3	M5	2630.00	0.62	38	M11	2430.00	0.91
4	M5	2742.00	0.86	39	M11	2466.00	0.93
5	M5	2796.00	0.88	40	M11	2510.00	0.94
6	M5	2848.00	0.97	41	M11	2974.00	1.18
7	M5	2878.00	1.01	42	M11	3508.00	1.26
8	L1	2217.50	0.75	43	M11	3768.91	2.07
9	L1	2230.00	0.86	44	Y2	2719.18	1.07
10	L1	2380.00	0.78	45	Y2	2720.08	1.00
11	L1	2399.00	0.77	46	Y2	2720.93	1.00
12	L1	2429.30	0.87	47	Y2	2722.33	1.10
13	L1	2431.15	0.89	48	Y2	2723.48	1.05
14	L1	2497.50	0.83	49	Y2	2724.38	1.11
15	L1	2548.00	0.80	50	Y2	2726.23	1.15
16	L1	2798.00	0.86	51	Y2	3079.66	1.15
17	L1	2894.00	1.01	52	Y2	3585.86	1.62
18	L1	3165.00	1.00	53	Y2	4011.16	2.21
19	L1	3182.11	1.11	54	Y2	4012.26	2.17
20	L1	3249.00	1.05	55	Y2	4013.29	2.06
21	L1	3358.29	1.16	56	Y2	2697.30	1.10
22	M7	1999.00	0.67	57	Y2	2720.98	1.03
23	M7	1999.20	0.69	58	Y2	2722.33	1.05
24	M10	2142.14	0.81	59	Y2	2725.08	1.09
25	M10	2177.00	0.79	60	Y4	1647.29	0.71
26	M10	2261.00	0.79	61	Y4	1649.14	0.64
27	M10	2356.00	0.77	62	Y4	1627.70	0.70
28	M10	2392.77	0.82	63	Y4	1681.40	0.65
29	M10	2434.75	0.87	64	Y4	1688.27	0.60
30	M10	2443.28	0.92	65	Y4	1689.07	0.65
31	M10	2443.28	0.79	66	Y4	1707.49	0.69
32	M10	2443.28	0.95	67	Y4	1708.99	0.73
33	M10	2670.00	0.86	68	Y4	1709.29	0.70
34	M10	2687.44	0.92	69	Y4	1710.49	0.68
35	M10	2691.24	0.86	70	Y4	1720.00	0.73

序号	井号	深度/m	R_o/%	序号	井号	深度/m	R_o/%
71	Y4	1813.00	0.80	96	Y11	3309.00	1.36
72	M3	1799.27	0.75	97	Y11	3285.00	1.40
73	X2	2892.17	0.91	98	LP1	3338.52	1.32
74	X2	2905.78	1.06	99	LP1	3340.62	1.36
75	X2	3196.52	1.17	100	LP1	3341.62	1.38
76	Y1	2116.00	0.94	101	LP1	3342.72	1.36
77	Y1	2563.00	0.91	102	LP1	3343.52	1.35
78	Y1	2588.00	0.89	103	LP1	3344.77	1.32
79	Y1	2619.00	0.96	104	LP1	3345.92	1.36
80	Y1	2721.00	1.00	105	LP1	3346.96	1.35
81	Y1	2815.00	1.02	106	LP1	3348.01	1.35
82	Y1	2840.21	0.89	107	LP1	3348.86	1.37
83	Y1	3051.49	1.06	108	LP1	3349.86	1.32
84	Y1	3055.29	1.12	109	LP1	3406.47	1.39
85	Y11	2362.72	0.83	110	LP1	3407.34	1.43
86	Y11	2368.42	0.85	111	LP1	3408.55	1.41
87	Y11	2675.06	0.92	112	LP1	3409.37	1.42
88	Y11	2806.04	1.04	113	LP1	3410.35	1.44
89	Y11	2800.14	1.05	114	LP1	3411.10	1.49
90	Y11	2887.00	1.19	115	Y3	2826.00	1.09
91	Y11	2941.00	1.23	116	Y3	3248.00	1.17
92	Y11	3023.00	1.26	117	Y3	3301.00	1.01
93	Y11	3092.00	1.27	118	Y3	3402.00	1.16
94	Y11	3161.00	1.27	119	Y5	3421.28	2.04
95	Y11	3267.00	1.34				

表4.3　查干凹陷包裹体均一温度测试结果

序号	井号	层位	深度/m	T_h/℃	备注	序号	井号	层位	深度/m	T_h/℃	备注
1	M12	K_1s^2	1089.7	78.0	A	7	M12	K_1s^2	1091.39	88.0	A
2	M12	K_1s^2	1089.7	82.0	A	8	M12	K_1s^2	1091.39	85.0	A
3	M12	K_1s^2	1089.7	85.0	A	9	M12	K_1s^2	1091.39	82.0	A
4	M12	K_1s^2	1091.39	79.0	A	10	LP1	K_1b^1	3387.66	82.0	A
5	M12	K_1s^2	1091.39	81.0	A	11	LP1	K_1b^1	3387.66	81.0	A
6	M12	K_1s^2	1091.39	104.0	A	12	LP1	K_1b^1	3387.66	78.0	A

续表

序号	井号	层位	深度/m	T_h/℃	备注	序号	井号	层位	深度/m	T_h/℃	备注
13	LP1	K_1b^1	3388.06	153.0	A	48	Y6	K_1s^1	1756.08	105.4	B
14	LP1	K_1b^1	3388.06	79.0	A	49	Y6	K_1s^1	1756.08	112.3	B
15	LP1	K_1b^1	3388.06	82.0	A	50	Y6	K_1s^1	1756.08	102.6	B
16	LP1	K_1b^1	3388.06	81.0	A	51	Y6	K_1s^1	1756.08	108.9	B
17	LP1	K_1b^1	3388.06	77.0	A	52	Y6	K_1s^1	1756.08	93.6	B
18	LP1	K_1b^1	3397.51	79.0	A	53	Y6	K_1s^1	1756.08	89.7	B
19	LP1	K_1b^1	3397.51	84.0	A	54	Y6	K_1s^1	1756.08	90.8	B
20	LP1	K_1b^1	3397.51	115.0	A	55	Y6	K_1s^1	1758.82	65.0	B
21	LP1	K_1b^1	3397.51	126.0	A	56	M10	K_1b^2	2436.83	62.0	A
22	LP1	K_1b^1	3397.51	127.0	A	57	M10	K_1b^2	2436.83	95.0	A
23	LP1	K_1b^1	3397.51	128.0	A	58	M10	K_1b^2	2436.83	96.0	A
24	M10	K_1s^1	2151.5	103.0	A	59	M10	K_1b^2	2436.83	100.0	A
25	M10	K_1s^1	2151.5	104.0	A	60	M10	K_1b^1	2826.06	95.0	A
26	M10	K_1b^2	2387.22	99.0	A	61	M10	K_1b^1	2826.06	94.0	A
27	M10	K_1b^2	2387.22	96.0	A	62	M10	K_1b^1	2826.06	91.0	A
28	M10	K_1b^2	2387.22	141.0	A	63	M10	K_1b^1	2826.06	96.0	A
29	M10	K_1b^2	2387.22	142.0	A	64	M11	K_1s^1	2076.11	95.0	A
30	M10	K_1b^2	2391.98	89.0	A	65	M11	K_1s^1	2076.11	97.0	A
31	M10	K_1b^2	2391.98	97.0	A	66	M11	K_1s^1	2076.11	98.0	A
32	M10	K_1b^2	2391.98	91.0	A	67	M11	K_1s^1	2076.11	91.0	A
33	M10	K_1b^2	2391.98	81.0	A	68	M11	K_1s^1	2076.11	99.0	A
34	M10	K_1b^2	2391.98	89.0	A	69	M11	K_1s^1	2079.88	84.0	A
35	M10	K_1b^2	2391.98	100.0	A	70	M11	K_1s^1	2079.88	89.0	A
36	M10	K_1b^2	2391.98	112.0	A	71	M11	K_1s^1	2079.88	106.0	A
37	M10	K_1b^2	2391.98	113.0	A	72	M11	K_1s^1	2079.88	116.0	A
38	M10	K_1b^2	2391.98	115.0	A	73	M11	K_1s^1	2079.88	118.0	A
39	M10	K_1b^2	2391.98	134.0	A	74	M11	K_1s^1	2082.51	97.0	A
40	M10	K_1b^2	2432.9	93.0	A	75	M11	K_1s^1	2082.51	96.0	A
41	M10	K_1b^2	2432.9	91.0	A	76	M11	K_1s^1	2082.51	98.0	A
42	M10	K_1b^2	2432.9	94.0	A	77	M11	K_1s^1	2082.51	103.0	B
43	M10	K_1b^2	2432.9	88.0	A	78	M11	K_1s^1	2082.51	106.0	A
44	M10	K_1b^2	2432.9	91.0	A	79	M11	K_1s^1	2082.51	112.0	A
45	M10	K_1b^2	2432.9	92.0	A	80	M11	K_1s^1	2083.61	112.0	A
46	Y6	K_1s^1	1756.08	108.5	B	81	M11	K_1s^1	2083.61	114.0	A
47	Y6	K_1s^1	1756.08	104.7	B	82	M11	K_1s^1	2083.61	113.0	A

续表

序号	井号	层位	深度/m	T_h/℃	备注	序号	井号	层位	深度/m	T_h/℃	备注
83	M11	K_1s^1	2083.61	120.0	A	118	Y6	K_1s^1	1758.82	111.6	B
84	M11	K_1s^1	2083.61	121.0	A	119	Y6	K_1s^1	1758.82	112.4	B
85	M11	K_1s^1	2083.61	128.0	A	120	Y6	K_1s^1	1758.82	115.2	B
86	M11	K_1s^1	2083.61	129.0	A	121	Y6	K_1s^1	1758.82	110.2	B
87	M11	K_1s^1	2084.51	78.0	A	122	Y6	K_1s^1	1758.82	116.3	B
88	M11	K_1s^1	2084.51	86.0	A	123	Y6	K_1s^1	1758.82	105.7	B
89	M11	K_1s^1	2084.51	69.0	A	124	Y6	K_1s^1	1758.82	109.8	B
90	M11	K_1s^1	2084.51	88.0	A	125	Y6	K_1s^1	1758.82	111.4	B
91	M11	K_1s^1	2085.91	91.0	A	126	Y6	K_1s^1	1758.82	114.9	B
92	M11	K_1s^1	2085.91	93.0	A	127	Y6	K_1s^1	1758.82	116.2	B
93	M11	K_1s^1	2085.91	96.0	A	128	Y6	K_1s^1	1758.82	118.6	B
94	M11	K_1s^1	2085.91	88.0	A	129	Y6	K_1s^1	1758.82	105.3	B
95	M11	K_1s^1	2085.91	91.0	A	130	Y6	K_1s^1	1758.82	107.1	B
96	M11	K_1b^2	3297.26	144.0	A	131	Y6	K_1s^1	1769.03	107.2	B
97	M11	K_1b^2	3540.99	109.0	A	132	Y6	K_1s^1	1769.03	108.6	B
98	M11	K_1b^2	3540.99	115.0	A	133	Y6	K_1s^1	1769.03	105.3	B
99	M11	K_1b^2	3540.99	116.0	A	134	M8	K_1y	717.97	106.6	B
100	M11	K_1b^2	3540.99	117.0	A	135	M8	K_1y	717.97	116.9	B
101	L1	K_1b^1	3357.23	108.9	B	136	M8	K_1y	717.97	104.7	B
102	L1	K_1b^1	3357.23	114.8	B	137	L1	K_1b^1	3357.23	93.2	B
103	L1	K_1b^1	3357.23	116.3	B	138	L1	K_1b^1	3357.23	94.7	B
104	L1	K_1b^1	3357.23	105.7	B	139	L1	K_1b^1	3357.23	100.4	B
105	L1	K_1b^1	3357.23	107.3	B	140	L1	K_1b^1	3357.23	106.6	B
106	L1	K_1b^1	3357.23	109.7	B	141	L1	K_1b^1	3357.23	110.6	B
107	L1	K_1b^1	3357.23	112.1	B	142	L1	K_1b^1	3357.23	115.9	B
108	Y2	K_1s^1	3072.34	117.8	B	143	L1	K_1b^1	3390.20	100.5	C
109	Y2	K_1s^1	3072.34	114.2	B	144	L1	K_1b^1	3390.20	101.3	C
110	Y2	K_1s^1	3072.34	126.3	B	145	L1	K_1b^1	3390.20	102.3	C
111	Y6	K_1s^1	1758.82	65.8	B	146	L1	K_1b^1	3390.20	102.5	C
112	Y6	K_1s^1	1758.82	77.4	B	147	L1	K_1b^1	3390.20	102.7	C
113	Y6	K_1s^1	1758.82	62.1	B	148	L1	K_1b^1	3390.20	103.6	C
114	Y6	K_1s^1	1758.82	64.5	B	149	L1	K_1b^1	3390.20	103.7	C
115	Y6	K_1s^1	1758.82	70.3	B	150	L1	K_1b^1	3390.20	107.6	C
116	Y6	K_1s^1	1758.82	99.7	B	151	L1	K_1b^1	3390.20	108.1	C
117	Y6	K_1s^1	1758.82	105.4	B	152	L1	K_1b^1	3390.20	110.5	C

续表

序号	井号	层位	深度/m	T_h/℃	备注	序号	井号	层位	深度/m	T_h/℃	备注
153	L1	K_1b^1	3390.20	113.5	C	188	Y2	K_1s^1	3072.34	113.2	C
154	L1	K_1b^1	3390.20	114.3	C	189	Y2	K_1s^1	3072.34	115.6	C
155	L1	K_1b^1	3390.20	115.6	C	190	Y2	K_1s^1	3072.34	115.7	C
156	L1	K_1b^1	3390.20	116.6	C	191	Y2	K_1s^1	3072.34	111.8	C
157	L1	K_1b^1	3390.20	118.2	C	192	Y2	K_1s^1	3072.34	118.9	C
158	L1	K_1b^1	3390.20	120.0	C	193	Y2	K_1s^1	3072.34	115.7	C
159	L1	K_1b^1	3390.20	121.0	C	194	Y2	K_1s^1	3072.34	118.5	C
160	L1	K_1b^1	3390.20	122.3	C	195	Y2	K_1s^1	3072.34	113.7	C
161	L1	K_1b^1	3390.20	126.5	C	196	Y2	K_1s^1	3072.34	114.8	C
162	L1	K_1b^1	3390.20	126.8	C	197	Y2	K_1s^1	3072.34	115.6	C
163	L1	K_1b^1	3390.20	128.4	C	198	M11	K_1s^1	2075.88	142.1	C
164	L1	K_1b^1	3390.20	134.3	C	199	M11	K_1s^1	2075.88	116.2	C
165	L1	K_1b^1	3390.20	141.8	C	200	M11	K_1s^1	2075.88	102.4	C
166	Y2	K_1s^1	3072.34	106.9	C	201	M11	K_1s^1	2075.88	138.9	C
167	Y2	K_1s^1	3072.34	117.8	C	202	M11	K_1s^1	2075.88	125.3	C
168	Y2	K_1s^1	3072.34	118.0	C	203	M11	K_1s^1	2075.88	150.1	C
169	Y2	K_1s^1	3072.34	115.2	C	204	M11	K_1s^1	2075.88	126.1	C
170	Y2	K_1s^1	3072.34	115.4	C	205	M11	K_1s^1	2075.88	133.5	C
171	Y2	K_1s^1	3072.34	113.1	C	206	M11	K_1s^1	2075.88	145.0	C
172	Y2	K_1s^1	3072.34	111.4	C	207	M11	K_1s^1	2075.88	139.7	C
173	Y2	K_1s^1	3072.34	111.6	C	208	M11	K_1s^1	2075.88	115.8	C
174	Y2	K_1s^1	3072.34	110.2	C	209	M11	K_1s^1	2075.88	106.1	C
175	Y2	K_1s^1	3072.34	116.3	C	210	M11	K_1s^1	2075.88	143.3	C
176	Y2	K_1s^1	3072.34	106.4	C	211	M11	K_1s^1	2075.88	110.2	C
177	Y2	K_1s^1	3072.34	110.6	C	212	M11	K_1s^1	2075.88	117.9	C
178	Y2	K_1s^1	3072.34	115.9	C	213	M11	K_1s^1	2075.88	110.2	C
179	Y2	K_1s^1	3072.34	106.6	C	214	M11	K_1s^1	2075.88	148.9	C
180	Y2	K_1s^1	3072.34	116.9	C	215	M11	K_1s^1	2081.10	99.5	C
181	Y2	K_1s^1	3072.34	104.7	C	216	M11	K_1s^1	2081.10	138.1	C
182	Y2	K_1s_1	3072.34	113.5	C	217	M11	K_1s^1	2081.10	141.8	C
183	Y2	K_1s^1	3072.34	113.7	C	218	M11	K_1s^1	2081.10	152.3	C
184	Y2	K_1s^1	3072.34	114.8	C	219	M11	K_1s^1	2081.10	159.9	C
185	Y2	K_1s^1	3072.34	115.7	C	220	M11	K_1s^1	2081.10	137.1	C
186	Y2	K_1s^1	3072.34	118.5	C	221	L1	K_1b^1	3390.2	148.9	C
187	Y2	K_1s^1	3072.34	110.7	C	222	L1	K_1b^1	3390.2	153.4	C

序号	井号	层位	深度/m	T_h/℃	备注	序号	井号	层位	深度/m	T_h/℃	备注
223	M3	K_1s^1	1830.39	89.7	C	258	M4	K_1s^1	1859.51	165.3	C
224	M3	K_1s^1	1830.39	100.3	C	259	M4	K_1s^1	1859.51	171.4	C
225	M3	K_1s^1	1830.39	114.4	C	260	M4	K_1s^1	1859.51	174.9	C
226	M3	K_1s^1	1830.39	115.6	C	261	M4	K_1s^1	1859.51	180.3	C
227	M3	K_1s^1	1830.39	116.5	C	262	M4	K_1s^1	1859.51	186.5	C
228	M3	K_1s^1	1830.39	149.9	C	263	M7	K_1s^2	1198.40	112.7	C
229	M3	K_1s^1	1830.39	157.9	C	264	M7	K_1s^2	1198.40	114.9	C
230	M3	K_1s^1	1830.39	158.8	C	265	M7	K_1s^2	1198.40	115.0	C
231	M3	K_1s^1	1830.39	159.1	C	266	M7	K_1s^2	1198.40	117.6	C
232	M3	K_1s^1	1830.39	160.2	C	267	M7	K_1s^2	1198.40	124.3	C
233	M3	K_1s^1	1830.39	160.5	C	268	M7	K_1s^2	1198.40	126.5	C
234	M3	K_1s^1	1830.39	161.9	C	269	M7	K_1s^2	1198.40	138.6	C
235	M3	K_1s^1	1830.39	163.2	C	270	M7	K_1s^2	1198.40	140.9	C
236	M3	K_1s^1	1830.39	170.0	C	271	M7	K_1s^2	1198.40	141.6	C
237	M3	K_1s^1	1830.39	173.0	C	272	M7	K_1s^2	1198.40	157.9	C
238	M3	K_1s^1	1830.39	173.3	C	273	M7	K_1s^2	1198.40	159.0	C
239	M3	K_1s^1	1830.39	176.4	C	274	M7	K_1s^2	1198.40	162.2	C
240	M3	K_1s^1	1830.39	178.8	C	275	M7	K_1s^2	1198.40	164.7	C
241	M3	K_1s^1	1830.39	186.2	C	276	M11	K_1s^1	2081.10	90.0	C
242	M3	K_1s^1	1830.39	223.1	C	277	M11	K_1s^1	2081.10	193.0	C
243	M4	K_1s^1	1859.51	110.6	C	278	M11	K_1s^1	2081.10	146.3	C
244	M4	K_1s^1	1859.51	123.4	C	279	M11	K_1s^1	2081.10	158.8	C
245	M4	K_1s^1	1859.51	125.8	C	280	M11	K_1s^1	2081.10	98.1	C
246	M4	K_1s^1	1859.51	134.4	C	281	M11	K_1s^1	2081.10	151.0	C
247	M4	K_1s^1	1859.51	137.0	C	282	M11	K_1s^1	2081.10	100.0	C
248	M4	K_1s^1	1859.51	137.5	C	283	M11	K_1s^1	2081.10	127.1	C
249	M4	K_1s^1	1859.51	143.8	C	284	M11	K_1s^1	2081.10	134.9	C
250	M4	K_1s^1	1859.51	151.9	C	285	M11	K_1s^1	2081.10	159.2	C
251	M4	K_1s^1	1859.51	152.0	C	286	M11	K_1s^1	2081.10	166.2	C
252	M4	K_1s^1	1859.51	156.7	C	287	M11	K_1s^1	2081.10	194.7	C
253	M4	K_1s^1	1859.51	158.0	C	288	M11	K_1s^1	2081.10	176.7	C
254	M4	K_1s^1	1859.51	158.2	C	289	M11	K_1s^1	2081.10	198.8	C
255	M4	K_1s^1	1859.51	160.5	C	290	M11	K_1s^1	2081.10	133.9	C
256	M4	K_1s^1	1859.51	162.7	C	291	M11	K_1b^2	3297.06	134.2	C
257	M4	K_1s^1	1859.51	163.8	C	292	M11	K_1b^2	3297.06	124.1	C

序号	井号	层位	深度/m	T_h/℃	备注	序号	井号	层位	深度/m	T_h/℃	备注
293	M11	K_1b^2	3297.06	141.6	C	327	M11	K_1b^1	3540.08	100.2	C
294	M11	K_1b^2	3297.06	119.6	C	328	M11	K_1b^1	3540.08	96.7	C
295	M11	K_1b^2	3297.06	118.8	C	329	M11	K_1b^1	3540.08	132.3	C
296	M11	K_1b^2	3297.06	133.5	C	330	M11	K_1b^1	3540.08	108.9	C
297	M11	K_1b^2	3297.06	120.0	C	331	M7	K_1s^2	1198.40	168.7	C
298	M11	K_1b^2	3297.06	117.4	C	332	M7	K_1s^2	1198.40	173.8	C
299	M11	K_1b^2	3297.06	142.7	C	333	M7	K_1s^2	1198.40	183.2	C
300	M11	K_1b^2	3297.06	199.7	C	334	M7	K_1s^2	1198.40	186.2	C
301	M11	K_1b^2	3297.06	105.5	C	335	M7	K_1s^2	1198.40	196.0	C
302	M11	K_1b^2	3297.06	116.6	C	336	M7	K_1s^2	1198.40	197.4	C
303	M11	K_1b^2	3297.06	103.4	C	337	M7	K_1s^2	1198.40	212.7	C
304	M11	K_1b^2	3297.06	90.7	C	338	M7	K_1s^2	1198.40	214.7	C
305	M11	K_1b^2	3297.06	100.0	C	339	M7	K_1s^2	1198.40	228.1	C
306	M11	K_1b^2	3297.06	109.3	C	340	M9	K_1y	764.20	60.0	C
307	M11	K_1b^2	3297.06	104.5	C	341	M9	K_1y	764.20	114.1	C
308	M11	K_1b^2	3297.06	118.0	C	342	M9	K_1y	764.20	117.4	C
309	M11	K_1b^2	3297.06	133.0	C	343	M9	K_1y	764.20	120.0	C
310	M11	K_1b^2	3297.06	129.2	C	344	M9	K_1y	764.20	128.6	C
311	M11	K_1b^2	3297.06	119.5	C	345	M9	K_1y	764.20	140.3	C
312	M11	K_1b^2	3297.06	137.2	C	346	M9	K_1y	764.20	146.3	C
313	M11	K_1b^2	3297.06	132.9	C	347	M9	K_1y	764.20	147.5	C
314	M11	K_1b^2	3297.06	124.5	C	348	M9	K_1y	764.20	148.3	C
315	M11	K_1b^1	3540.08	119.8	C	349	M9	K_1y	764.20	152.0	C
316	M11	K_1b^1	3540.08	114.2	C	350	M9	K_1y	764.20	154.3	C
317	M11	K_1b^1	3540.08	123.1	C	351	M9	K_1y	764.20	156.0	C
318	M11	K_1b^1	3540.08	138.1	C	352	M9	K_1y	764.20	157.9	C
319	M11	K_1b^1	3540.08	123.8	C	353	M9	K_1y	764.20	161.6	C
320	M11	K_1b^1	3540.08	143.7	C	354	M9	K_1y	764.20	168.1	C
321	M11	K_1b^1	3540.08	117.1	C	355	M9	K_1y	764.20	178.4	C
322	M11	K_1b^1	3540.08	120.0	C	356	M10	K_1b^2	2498.31	97.9	C
323	M11	K_1b^1	3540.08	104.5	C	357	M10	K_1b^2	2498.31	152.2	C
324	M11	K_1b^1	3540.08	123.2	C	358	M10	K_1b^2	2498.31	92.8	C
325	M11	K_1b^1	3540.08	113.9	C	359	M10	K_1b^2	2498.31	169.0	C
326	M11	K_1b^1	3540.08	121.8	C	360	M10	K_1b^2	2498.31	96.7	C

序号	井号	层位	深度/m	T_h/℃	备注	序号	井号	层位	深度/m	T_h/℃	备注
361	M10	K_1b^2	2498.31	114.2	C	396	M11	K_1b^1	3770.40	146.7	C
362	M10	K_1b^2	2498.31	114.5	C	397	M11	K_1b^1	3770.40	120.4	C
363	M10	K_1b^2	2498.31	134.3	C	398	M11	K_1b^1	3770.40	145.8	C
364	M10	K_1b^2	2498.31	127.2	C	399	M11	K_1b^1	3770.40	124.5	C
365	M10	K_1b^2	2498.31	155.7	C	400	M11	K_1b^1	3770.40	136.1	C
366	M10	K_1b^2	2498.31	150.0	C	401	M11	K_1b^1	3770.40	152.4	C
367	M10	K_1b^2	2498.31	179.2	C	402	M11	K_1b^1	3770.40	194.9	C
368	M10	K_1b^2	2498.31	103.6	C	403	M11	K_1b^1	3770.40	218.8	C
369	M10	K_1b^2	2498.31	117.5	C	404	M11	K_1b^1	3770.40	119.2	C
370	M10	K_1b^2	2498.31	136.2	C	405	M11	K_1b^1	3770.40	109.7	C
371	M10	K_1b^2	2498.31	164.4	C	406	M11	K_1b^1	3770.40	112.5	C
372	M10	K_1b^2	2498.31	136.9	C	407	M11	K_1b^1	3770.40	115.9	C
373	M10	K_1b^2	2498.31	130.5	C	408	M11	K_1b^1	3770.40	106.0	C
374	M10	K_1b^2	2498.31	166.9	C	409	M11	K_1b^1	3770.40	201.0	C
375	M10	K_1b^2	2498.31	141.2	C	410	M11	K_1b^1	3770.40	120.0	C
376	M10	K_1b^1	2833.56	113.6	C	411	M11	K_1b^1	3770.40	126.9	C
377	M10	K_1b^1	2833.56	97.3	C	412	M12	K_1s^2	1094.56	96.0	C
378	M10	K_1b^1	2833.56	159.9	C	413	M12	K_1s^2	1094.56	99.7	C
379	M10	K_1b^1	2833.56	112.6	C	414	M12	K_1s^2	1094.56	131.0	C
380	M10	K_1b^1	2833.56	137.7	C	415	M12	K_1s^2	1094.56	155.3	C
381	M10	K_1b^1	2833.56	115.5	C	416	M12	K_1s^2	1094.56	166.9	C
382	M10	K_1b^1	2833.56	93.9	C	417	M12	K_1s^2	1094.56	182.0	C
383	M10	K_1b^1	2833.56	105.5	C	418	M12	K_1s^2	1094.56	236.9	C
384	M10	K_1b^1	2833.56	94.6	C	419	M12	K_1s^2	1094.56	160.0	C
385	M10	K_1b^1	2833.56	107.0	C	420	M12	K_1s^2	1094.56	142.7	C
386	M11	K_1b^1	3540.08	97.4	C	421	M12	K_1s^2	1094.56	175.9	C
387	M11	K_1b^1	3540.08	102.9	C	422	M12	K_1s^2	1094.56	128.4	C
388	M11	K_1b^1	3540.08	119.3	C	423	M12	K_1s^2	1094.56	158.7	C
389	M11	K_1b^1	3540.08	115.8	C	424	M12	K_1s^2	1094.56	162.3	C
390	M11	K_1b^1	3770.40	110.3	C	425	M12	K_1s^2	1094.56	183.4	C
391	M11	K_1b^1	3770.40	128.8	C	426	M12	K_1s^2	1094.56	186.2	C
392	M11	K_1b^1	3770.40	144.8	C	427	M12	K_1s^2	1094.56	218.6	C
393	M11	K_1b^1	3770.40	158.8	C	428	M12	K_1s^2	1094.56	227.3	C
394	M11	K_1b^1	3770.40	136.9	C	429	M12	K_1s^2	1094.56	102.7	C
395	M11	K_1b^1	3770.40	180.0	C	430	M12	K_1s^2	1094.56	234.0	C

序号	井号	层位	深度/m	T_h/℃	备注	序号	井号	层位	深度/m	T_h/℃	备注
431	M12	K_1s^2	1094.56	150.2	C	464	M11	K_1s^1	2073.08	188.7	C
432	M12	K_1s^2	1098.94	218.4	C	465	M11	K_1s^1	2073.08	106.0	C
433	M12	K_1s^2	1098.94	221.8	C	466	M11	K_1s^1	2073.08	118.4	C
434	M12	K_1s^2	1098.94	224.3	C	467	M11	K_1s^1	2073.08	114.2	C
435	M12	K_1s^2	1098.94	230.1	C	468	M11	K_1s^1	2073.08	96.8	C
436	M12	K_1s^2	1098.94	242.5	C	469	M11	K_1s^1	2073.08	106.0	C
437	M12	K_1s^2	1098.94	170.3	C	470	M11	K_1s^1	2073.08	109.9	C
438	M12	K_1s^2	1098.94	173.2	C	471	M11	K_1s^1	2073.08	113.0	C
439	M12	K_1s^2	1098.94	169.8	C	472	M11	K_1s^1	2073.08	171.5	C
440	M12	K_1s^2	1098.94	159.4	C	473	M11	K_1s^1	2073.08	185.1	C
441	M10	K_1b^1	2833.56	96.7	C	474	M11	K_1s^1	2073.08	172.0	C
442	M10	K_1b^1	2833.56	111.5	C	475	M11	K_1s^1	2073.08	105.0	C
443	M10	K_1b^1	2833.56	116.1	C	476	M11	K_1s^1	2073.08	106.2	C
444	M10	K_1b^1	2833.56	129.0	C	477	M11	K_1s^1	2073.08	91.3	C
445	M10	K_1b^1	2833.56	115.4	C	478	M11	K_1s^1	2073.08	110.7	C
446	M10	K_1b^1	2833.56	110.4	C	479	M11	K_1s^1	2073.08	103.5	C
447	M10	K_1b^1	2833.56	97.5	C	480	M11	K_1s^1	2073.08	155.5	C
448	M10	K_1b^2	2833.56	132.3	C	481	M11	K_1s^1	2073.08	203.0	C
449	M10	K_1b^1	3336.40	120	C	482	M11	K_1s^1	2073.08	157.0	C
450	M10	K_1b^1	3336.40	106.1	C	483	M11	K_1s^1	2073.08	155.4	C
451	M10	K_1b^1	3336.40	113.8	C	484	M11	K_1s^1	2073.08	201.3	C
452	M10	K_1b^1	3336.40	123.8	C	485	M11	K_1s^1	2073.08	142.6	C
453	M10	K_1b^1	3336.40	121.9	C	486	M11	K_1s^1	2073.08	158.8	C
454	M10	K_1b^1	3336.40	114.7	C	487	M11	K_1s^1	2073.08	152.4	C
455	M10	K_1b^1	3336.40	124.6	C	488	M11	K_1s^1	2073.08	176.6	C
456	M10	K_1b^1	3336.40	137.2	C	489	M11	K_1s^1	2075.88	106.0	C
457	M10	K_1b^1	3336.40	121.0	C	490	M11	K_1s^1	2075.88	117.7	C
458	M10	K_1b^1	3336.40	133.1	C	491	M11	K_1s^1	2075.88	115.0	C
459	M10	K_1b^1	3336.40	112.5	C	492	M12	K_1s^2	1098.94	115.4	C
460	M10	K_1b^1	3336.40	106.3	C	493	M12	K_1s^2	1098.94	168.3	C
461	M10	K_1b^1	3336.40	99.7	C	494	M12	K_1s^2	1098.94	239.2	C
462	M10	K_1b^1	3336.40	109.0	C	495	M12	K_1s^2	1098.94	200.3	C
463	M10	K_1b^1	3336.40	127.0	C	496	M12	K_1s^2	1098.94	197.0	C

续表

序号	井号	层位	深度/m	T_h/℃	备注	序号	井号	层位	深度/m	T_h/℃	备注
497	M12	K_1s^2	1098.94	137.2	C	520	M12	K_1s^2	1098.94	142.0	C
498	M12	K_1s^2	1098.94	107.0	C	521	M12	K_1s^2	1098.94	128.3	C
499	M12	K_1s^2	1098.94	90.9	C	522	M12	K_1s^2	1098.94	142.8	C
500	M12	K_1s^2	1098.94	140.2	C	523	M12	K_1s^2	1098.94	152.0	C
501	M12	K_1s^2	1098.94	146.7	C	524	M12	K_1s^2	1098.94	232.6	C
502	M12	K_1s^2	1098.94	169.3	C	525	M12	K_1s^2	1098.94	182.5	C
503	M12	K_1s^2	1098.94	83.5	C	526	X5	K_1s^1	1929.64	144.4	C
504	M12	K_1s^2	1098.94	183.4	C	527	X5	K_1s^1	1929.64	154.7	C
505	M12	K_1s^2	1098.94	133.7	C	528	X5	K_1s^1	1929.64	146.5	C
506	M12	K_1s^2	1098.94	107.8	C	529	X5	K_1s^1	1950.49	103.5	C
507	M12	K_1s^2	1098.94	118.0	C	530	X5	K_1s^1	1950.49	125.0	C
508	M12	K_1s^2	1098.94	123.0	C	531	X5	K_1s^1	1950.49	133.2	C
509	M12	K_1s^2	1098.94	141.3	C	532	X5	K_1s^1	1950.49	102.0	C
510	M12	K_1s^2	1098.94	150.7	C	533	X5	K_1s^1	1950.49	148.0	C
511	M12	K_1s^2	1098.94	118.4	C	534	X5	K_1s^1	1950.49	154.6	C
512	M12	K_1s^2	1098.94	154.1	C	535	X5	K_1s^1	1950.49	170.2	C
513	M12	K_1s^2	1098.94	129.2	C	536	X5	K_1s^1	1950.49	178.1	C
514	M12	K_1s^2	1098.94	133.0	C	537	X5	K_1s^1	1950.49	195.6	C
515	M12	K_1s^2	1098.94	161.0	C	538	X5	K_1s^1	1950.49	150.7	C
516	M12	K_1s^2	1098.94	127.4	C	539	X5	K_1s^1	1950.49	182.2	C
517	M12	K_1s^2	1098.94	128.9	C	540	X5	K_1s^1	1950.49	200.7	C
518	M12	K_1s^2	1098.94	185.7	C	541	X5	K_1s^1	1950.49	185.4	C
519	M12	K_1s^2	1098.94	186.3	C	542	X5	K_1s^1	1950.49	118.0	C

注：A 为中原油田勘探开发科学研究院实验室测试；B 为中国石油大学(北京)油气探测国家重点实验室测试；C 为成都理工大学能源学院实验室测试。

1) 镜质体反射率

在巴润中央构造带上的 CC1 井测试的镜质体反射率普遍偏高，这些数据大多的测试深度对应于火山岩，可见 CC1 井的镜质体反射率数据存在问题，不能用来恢复该井的热史。其他单井镜质体反射率数据随深度变化具有较好的线性关系，暗示受同一地温场控制(图 2.6)。

2) 磷灰石裂变径迹

在中国科学院高能物理研究所核物理实验室测试了 14 口井 35 个磷灰石裂变径迹数据，这些数据分布在银根组、苏二段、苏一段、巴二段和巴一段(图 4.1～图 4.14)。35 个磷灰石裂变径迹年龄分布在 229±16～5.5±0.7Ma，磷灰石裂变径迹长度分布 10.6±1.7～13.2±1.8μm，其中 14 个磷灰石裂变径迹年龄比地层年龄大（图 4.15），其径迹年龄代表物源区的构造-热事件；其他磷灰石裂变径迹年龄比地层年龄小（图 4.15），径迹年龄代表查干凹陷的构造-热事件，可以用来恢复查干凹陷的构造-热历史。从径迹年龄与深度的关系可以得出，在 3620m 径迹年龄为 0Ma，即该凹陷磷灰石裂变径迹开始完全退火的深度为 3620m。根据查干凹陷平均地温梯度 33.6℃/km，计算得到磷灰石裂变径迹完全退火开始的温度为 130℃，这与前人研究成果（Gleadow et al.，1983）相当。

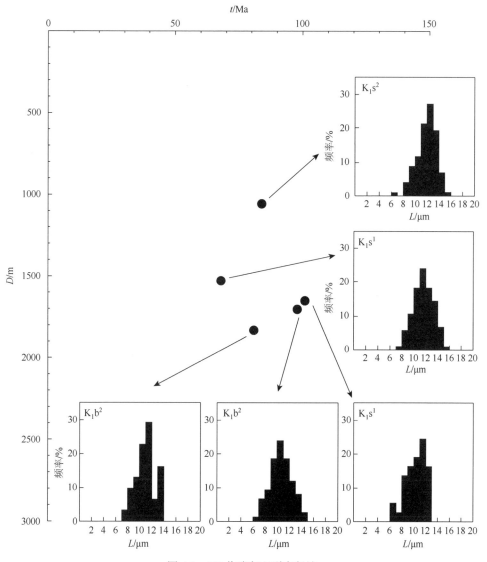

图 4.1　Y4 井磷灰石裂变径迹

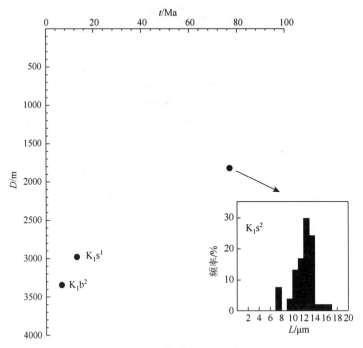

图 4.2　Y3 井磷灰石裂变径迹

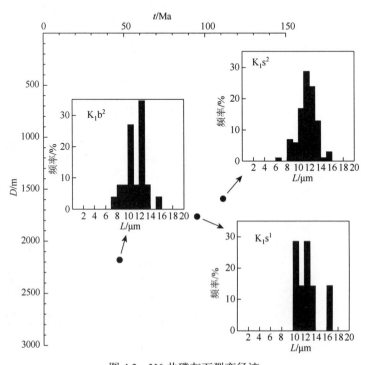

图 4.3　Y6 井磷灰石裂变径迹

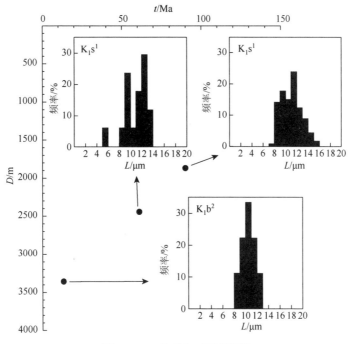

图 4.4　L1 井磷灰石裂变径迹

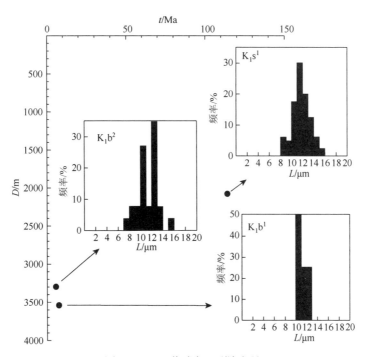

图 4.5　M11 井磷灰石裂变径迹

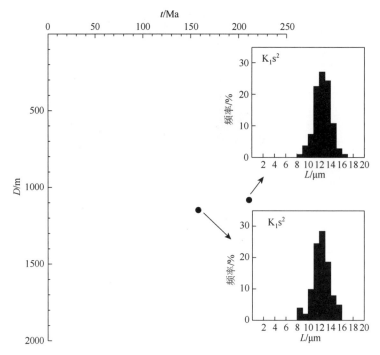

图 4.6　M6 井磷灰石裂变径迹

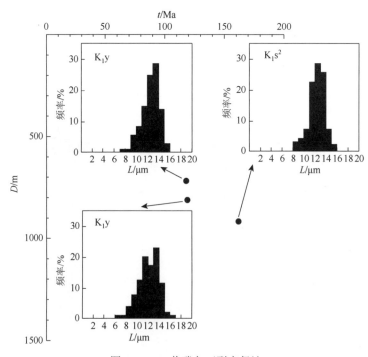

图 4.7　M8 井磷灰石裂变径迹

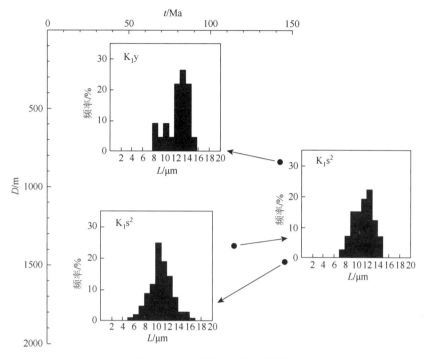

图 4.8　M9 井磷灰石裂变径迹

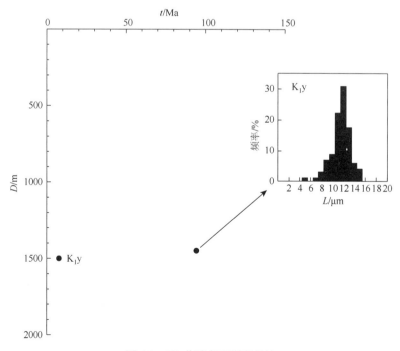

图 4.9　Y1 井磷灰石裂变径迹

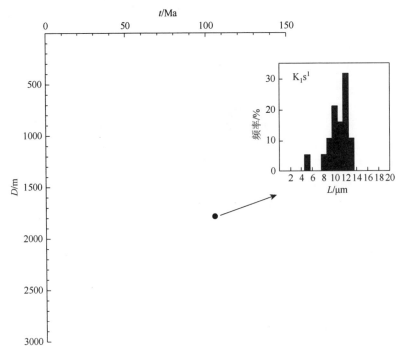

图 4.10　Y2 井磷灰石裂变径迹

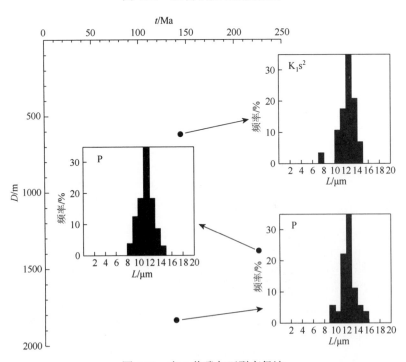

图 4.11　吉 6 井磷灰石裂变径迹

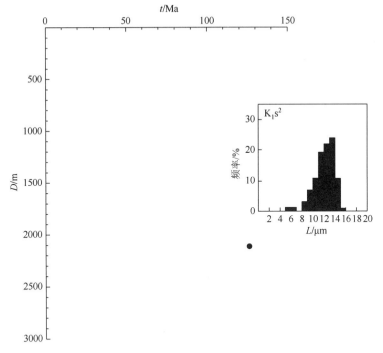

图 4.12　CD1 井磷灰石裂变径迹

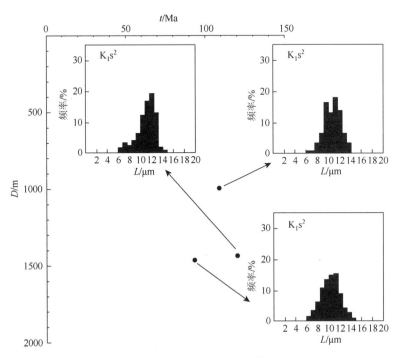

图 4.13　M3 井磷灰石裂变径迹

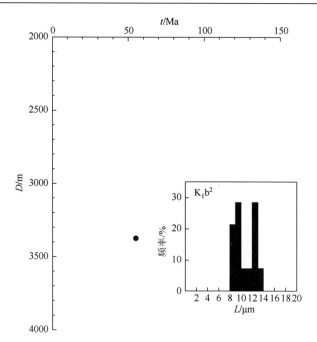

图 4.14　Y5 井磷灰石裂变径迹

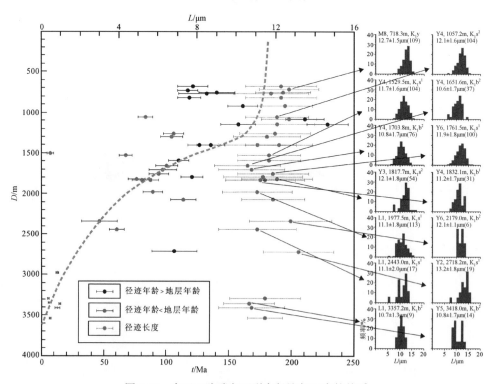

图 4.15　查干凹陷磷灰石裂变径迹与深度的关系

其中，银根组的裂变径迹年龄(133±22～118±8Ma)都比地层年龄(100～95Ma)大，但是裂变径迹长度在 11.8±1.9～12.7±1.5μm，比原始径迹长度(16.3μm)小，暗示银根组经历过退火作用，然而这 4 块样品的现今地温在 30～55℃(根据平均地温梯度 33.6℃/km 计算得到)，没有进入磷灰石裂变径迹的退火带温度，揭示银根组曾经经历过比现今地温更高的温度，也反映银根组沉积后地层经历抬升的构造作用。

苏二段有 3 个样品的裂变径迹年龄(105±9～80±6Ma)比地层年龄(105～100Ma)小，7 个样品的径迹年龄(122±15～107±8Ma)比地层年龄大，但是裂变径迹长度在 11.1±2.0～12.7±1.4μm，都比原始径迹长度(16.3μm)小，暗示苏二段经历过退火作用，除 Y3(1817.7m)样品现今地温约为 70℃外，其余 9 个样品的现今地温在 30～50℃，没有进入磷灰石裂变径迹的退火带，同样揭示苏二段沉积之后经历了抬升降温的构造作用。苏一段有 3 个样品的裂变径迹年龄(121±9～118±8Ma)比地层年龄(107～100Ma)大，7 个样品裂变径迹年龄(107±18～13±1Ma)比地层年龄(110～107Ma)小，但是裂变径迹长度在 11.1±1.8～13.2±1.8μm，都比原始径迹长度(16.3μm)小，揭示苏一段经历过退火。

巴一段和巴二段的裂变径迹年龄在 101±9～5.5±0.7Ma，都比地层年龄(135～110Ma)小，而且径迹长度为 10.6±1.7～12.8±2.1μm，都比原始径迹长度(16.3μm)小，并且随着深度的增加径迹年龄和径迹长度具有逐渐减小的趋势。

3)包裹体均一温度

分别在中国石油大学(北京)、成都理工大学及中原油田勘探开发科学研究院共测试了 16 口井的包裹体均一温度。在热史恢复中，包裹体均一温度主要起以下两个作用，一是在单井缺少镜质体反射率或磷灰石裂变径迹数据的情况下，用来恢复单井的热史；二是在单井有镜质体反射率或磷灰石裂变径迹数据的情况下，用来验证热史恢复结果是否可信。

2. 基础地质参数

模拟计算中的参数包括岩性参数、现今地表温度数据、现今地温梯度、大地热流、岩石热物理参数、地层分层、地层年龄及主要地质时期的剥蚀量等数据。查干凹陷地表温度数据、地温梯度及大地热流分布情况见第 3 章。岩性参数主要包括岩石的孔隙度、渗透率、各岩层的砂泥岩含量、砂泥岩的压实曲线等，这些参数采用查干凹陷实测值。此外，还包括压实系数和初始孔隙度等数据，则依据各凹陷的实际数据利用 Sclater 和 Christie(1980)的方法进行回归得到。古地表温度取查干凹陷年平均温度(9℃)，并设在地质历史时期不变。

　　岩石热物理参数主要包括岩石热导率、岩石生热率等参数(见第 3 章)，地层分层采用钻孔实际测量值，各地层底界年龄数据具体为：新生界(Cz)65Ma，上白垩统乌兰苏海组(K_2w)95Ma，下白垩统银根组(K_1y)100Ma，下白垩统苏二段(K_1s^2)105Ma，下白垩统苏一段(K_1s^1)110Ma，下白垩统巴二段(K_1b^2)128Ma，下白垩统巴一段(K_1b^1)135Ma。

　　查干凹陷存在三个区域不整合，具体为苏二段与银根组、银根组与乌兰苏海组和乌兰苏海组与新生界之间，先利用泥岩声波时差测井和包裹体均一温度计算得到典型井苏二段与银根组之间的剥蚀量，再利用镜质体反射率反演获得典型井银根组与乌兰苏海组之间的剥蚀量，最后利用磷灰石裂变径迹反演得到乌兰苏海组与新生界之间的剥蚀量(表 4.4)。

表 4.4　典型井主要地质时期的剥蚀量

井号	剥蚀量/m			备注
	K_1s^2	K_1y	K_2w	
M5 井		560		
CC1 井	<u>320</u>	890		
L1 井	<u>405</u>	590	*240*	
LP1 井	<u>390</u>			
M3 井		970		
M10 井	<u>319</u>	510		
M11 井	<u>484</u>	920		带下划线的数字为包裹体均一温度恢复结果,斜体为磷灰石裂变径迹恢复结果,其余为镜质体反射率恢复结果
M12 井		<u>1027</u>		
X2 井	176	670		
X5 井		<u>683</u>		
Y2 井	<u>390</u>	500		
Y4 井		1160	*230*	
Y6 井	<u>562</u>	767	*450*	
Y11 井		350		
Y3 井			*320*	

4.2　中、新生代热演化史

4.2.1　磷灰石裂变径迹反演热史

这次对四个磷灰石裂变径迹样品进行了热史反演(图 4.16～图 4.20)。

1. Y4 井

Y4 井位于西部次凹巴润中央构造带的北部地区，样品分布在巴二段、苏一段和苏二段。磷灰石裂变径迹年龄为 101±9～68±5Ma。这些径迹年龄均小于地层年龄，暗示该地区下白垩统曾经经历了热事件或深埋。选择 Y4(1529.5m)(t=68±5Ma，L=11.7±1.6μm)样品进行热史恢复(图 4.1)。

在模拟中，以关键地质时期的温度为约束条件，利用 Monte Carlo 模型进行了 10000 次热史反演，获得一定数量的最佳温度-时间路径，这些路径代表样品经历的最有可能的温度-时间演化路径。模拟结果显示该地区经历银根组末期和乌兰苏海组沉积中晚期的构造抬升，在银根组沉积期最高古地温达到 120℃，乌兰苏海组沉积期最高古地温达到 100℃(图 4.16)。

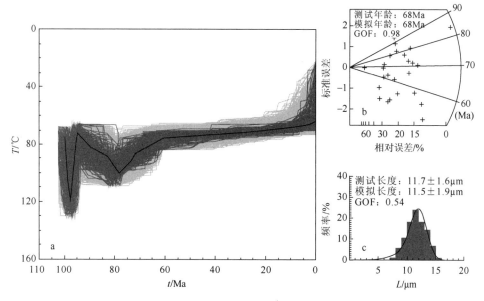

图 4.16　样品 Y4(1529.5m，K_1s^1)温度-时间演化图

使用 Monte Carlo 模型模拟了 10000 条温度-时间路径；可以接受的温度-时间路径有 1668 条(a图浅色线条)；好的温度-时间路径为 189 条(a图深色线条)；粗的黑线条为最佳温度-时间路径。b 为裂变径迹年龄分布图；c 为裂变径迹长度分布图，图中黑线条为模拟的裂变径迹。GOF 为拟合度

2. Y6 井

Y6 井位于巴润中央构造带中部，三个样品的径迹年龄随深度的增加而减小（图 4.3），其中（1591.0m）的径迹年龄（111±8Ma），略比地层年龄大，其他 2 个样品均比地层年龄小，而径迹长度（11.7±1.6～12.8±2.1μm）均比原始径迹长度小，反映下白垩统经历过高温或深埋，选择样品 Y6（2179.0m）进行热史反演。模拟结果显示银根组沉积期最高地温超过 120℃，乌兰苏海组沉积期也达到 110℃（图 4.17）。结合区域其他井的埋藏史可以推测出银根组和乌兰苏海组沉积时期经历的最大古地温梯度分别为 55℃/km 和 46℃/km。

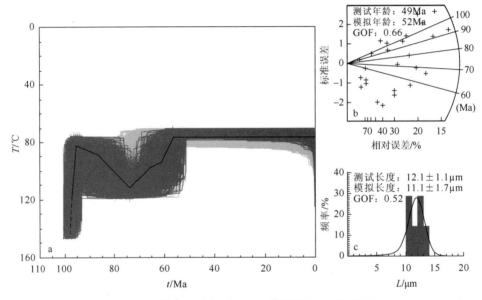

图 4.17 样品 Y6（2179.0m，K_1b^2）温度-时间演化图

使用 Monte Carlo 模型模拟了 10000 条温度-时间路径；可以接受的温度-时间路径有 1974 条（a 图浅色线条）；好的温度-时间路径为 805 条（a 图深色线条）；粗的黑线条为最佳温度-时间路径。b 为裂变径迹年龄分布图；c 为裂变径迹长度分布图，图中黑线条为模拟的裂变径迹。GOF 为拟合度

3. L1 井和 Y3 井

L1 井和 Y3 井分别位于乌力吉构造带和图拉格陡坡带。两口井裂变径迹年龄均小于地层年龄（图 4.2，图 4.4），反映下白垩统经历过高温或深埋。分别对 L1 井样品 L1（2443.0m）和 Y3 井样品 Y3（1817.7m）进行了磷灰石裂变径迹反演，反演结果显示样品经历银根组末期和乌兰苏海组沉积中期的构造抬升，揭示样品经历了银根组末期和乌兰苏海组沉积中晚期两期高古地温阶段，前者温度比后者高（图 4.18，图 4.19）。

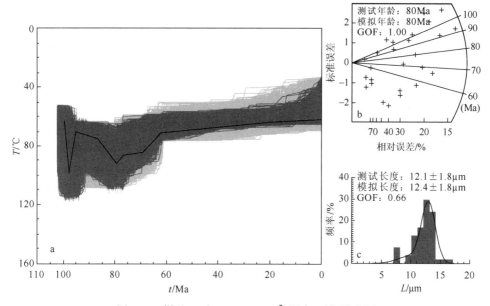

图 4.18　样品 Y3（1817.7m，K_1s^2）温度-时间演化图

使用 Monte Carlo 模型模拟了 10000 条温度-时间路径；可以接受的温度-时间路径有 3389 条（a 图浅色线条）；
好的温度-时间路径为 2181 条（a 图深色线条）；粗的黑线条为最佳温度-时间路径。b 为裂变径迹年龄分布图；
c 为裂变径迹长度分布图，图中黑线条为模拟的裂变径迹。GOF 为拟合度

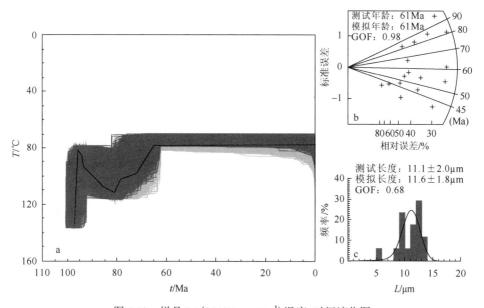

图 4.19　样品 L1（2443.0m，K_1s^1）温度-时间演化图

使用 Monte Carlo 模型模拟了 10000 条温度-时间路径；可以接受的温度-时间路径有 1322 条（a 图浅色线条）；
好的温度-时间路径为 1128 条（a 图深色线条）；粗的黑线条为最佳温度-时间路径。b 为裂变径迹年龄分布图；
c 为裂变径迹长度分布图，图中黑线条为模拟的裂变径迹。GOF 为拟合度

4.2.2　镜质体反射率正演热史

以磷灰石裂变径迹反演的结果为约束条件，利用镜质体反射率对 Y4 井、L1 井和 Y3 井进行热史恢复。模拟的镜质体反射率数据与实测值具有很好的线性关系(图 4.20～图 4.22)，由此可见，模拟结果是可信的。模拟结果显示 Y4 井先后在苏红图组沉积末期、银根组沉积末期及乌兰苏海组沉积中期经历了三次较明显的抬升剥蚀，其中银根组沉积末期的抬升剥蚀最大，达到 1120m。在乌兰苏海组沉积之前为裂陷发育阶段，表现为快速沉降，乌兰苏海组沉积时期为拗陷发育阶段，沉积速率则由早到晚逐渐减小。从地温演化来看，在银根组沉积末期古地温达到最大，超过 130℃。从热史模拟结果看，Y4 井在巴音戈壁组沉积时期地温梯度在 45～49℃/km，苏红图组沉积时期开始，地温梯度逐渐增高，到银根组沉积末期，地温梯度达到最大，为 56℃/km，自乌兰苏海组沉积至今，查干凹陷表现为热沉降阶段，地温梯度呈逐渐下降的趋势，现今仅为 33℃/km，但是由于乌兰苏海组沉积早期快速沉积和新沉积物小的岩石热导率造成地温梯度稍有升高(图 4.20)。L1 井和 Y3 井也在苏红图组沉积末期、银根组沉积末期及乌兰苏海组沉积中期经历了三次较明显的抬升剥蚀，其中银根组沉积末期的抬升幅度最大。从热史模拟结果看，L1 井和 Y3 井的地温梯度演化与 Y4 井相似，都在银根组地温梯度达到最大，分别为 53 和 55℃/km(图 4.21，图 4.22)。

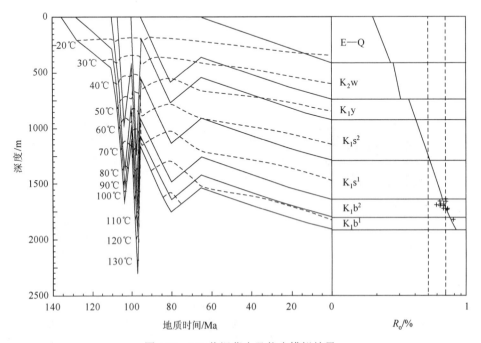

图 4.20　Y4 井埋藏史及热史模拟结果

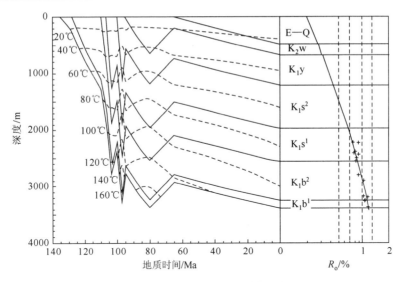

图 4.21　L1 井埋藏史及热史模拟结果

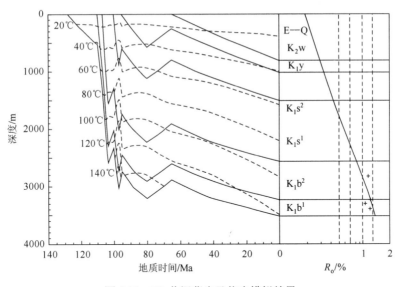

图 4.22　Y3 井埋藏史及热史模拟结果

此外，利用以上的方法还模拟了 9 口井的热史(图 4.23～图 4.31)，模拟结果显示查干凹陷经历了以下四个热演化阶段(图 4.32)，①巴一段—苏红图组沉积时期(K_1b—K_1s)：地温梯度快速增加阶段，地温梯度由巴音戈壁组沉积开始的 42～47℃/km 逐渐增加至苏红图组沉积末期的 46～52℃/km；②银根组沉积时期(K_1y)：地温梯度高峰阶段，此时地温梯度达到 50～58℃/km，具有裂陷构造区的热流状态；③乌兰苏海组沉积时期(K_2w)：高地温延续阶段，地温梯度为 39～

48℃/km，这是由于乌兰苏海组较厚的新沉积物具有低的岩石热导率，使得在乌兰苏海组的地温梯度略有升高，在中晚期构造抬升，地温梯度又开始降低；④新生代(Cz)：热沉降阶段，此阶段主要受喜马拉雅构造运动的影响，查干凹陷主要处于抬升剥蚀期，新生代沉积较薄，地壳处于均衡调整期，地温梯度逐渐降低，现今为31～34℃/km，具有中温型地温场特征。

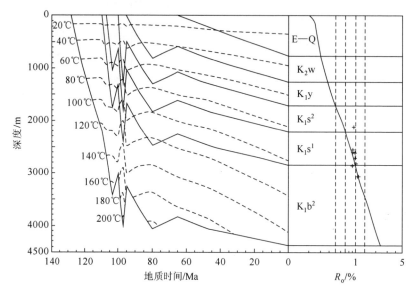

图 4.23　Y1 井埋藏史及热史模拟结果

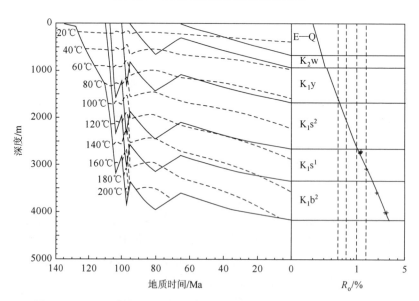

图 4.24　Y2 井埋藏史及热史模拟结果

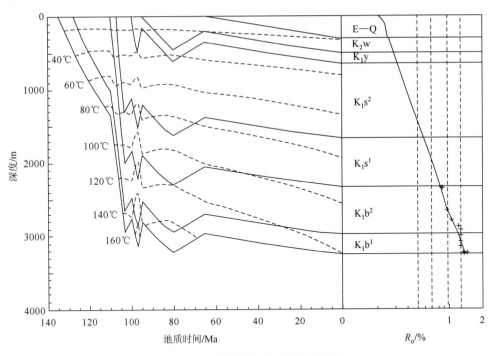

图 4.25　Y11 井埋藏史及热史模拟结果

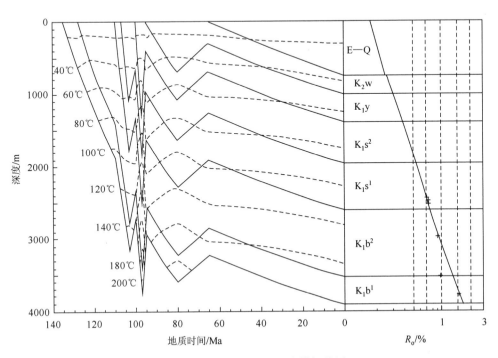

图 4.26　X2 井埋藏史及热史模拟结果

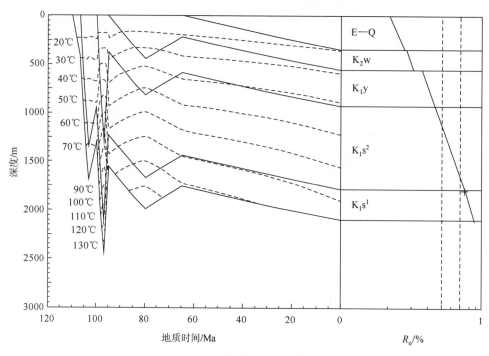

图 4.27　M3 井埋藏史及热史模拟结果

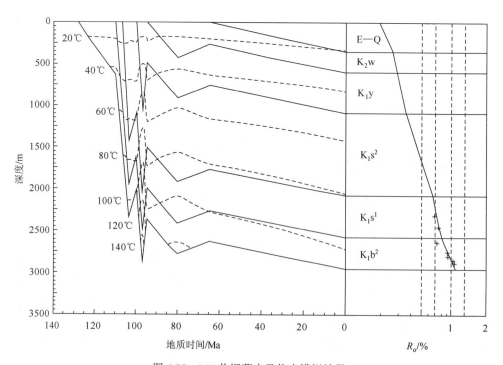

图 4.28　M5 井埋藏史及热史模拟结果

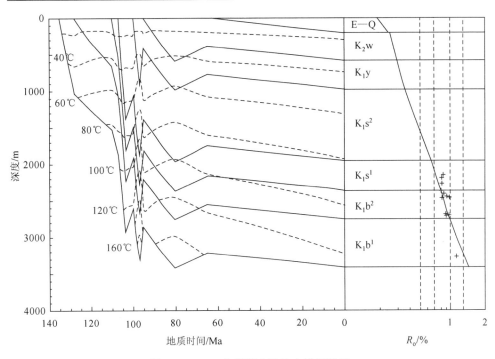

图 4.29 M10 井埋藏史及热史模拟结果

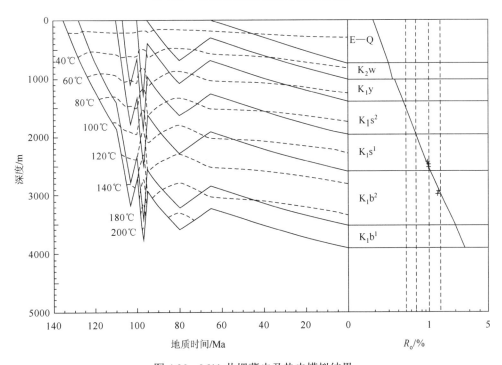

图 4.30 M11 井埋藏史及热史模拟结果

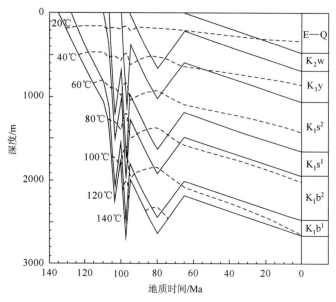

图 4.31 Y6 井埋藏史及热史模拟结果

根据磷灰石裂变径迹恢复的温度-时间路径结果，结合包裹体均一温度及相邻井的的埋藏史结果恢复得到

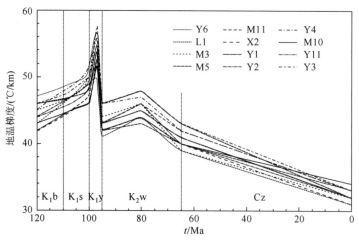

图 4.32 查干凹陷热演化历史

乌力吉构造带和巴润中央构造带在白垩纪都具有高的地温梯度，这是由于苏红图组沉积时期火山喷发主要沿毛西断裂带和巴润断裂带在乌力吉构造带和巴润中央构造带大量喷发，火山喷发带来大量的热量，使得乌力吉构造带和巴润中央构造带的古地温梯度增大。并且毛敦次凸是凹陷形成早期的侵入体构造，主要由花岗岩组成，而花岗岩具有比较高的热导率，由于"热折射"效应，热流大量向毛敦次凸汇聚，同样会造成乌力吉构造带具有高的地热背景；巴润中央构造带自

苏红图组沉积至今，一直为隆起区，也是凹陷热流汇聚区。

同时，恢复的埋藏史进一步验证了查干凹陷构造演化的研究成果，在银根组沉积之前为裂陷期发育阶段，表现为快速沉降，银根组沉积时期表现为断拗过渡阶段，乌兰苏海组沉积至今为拗陷发育阶段，沉积速率则由早到晚逐渐减小。

4.2.3　包裹体均一温度反演热史

本书利用包裹体测温来定性推测查干凹陷白垩纪经历的古地温梯度，结果可以用来检验镜质体反射率及磷灰石裂变径迹恢复得到的古地温梯度是否正确。查干凹陷共测试了 M10、M11、M12 等 16 口井的包裹体均一温度(表 4.3)，并利用包裹体均一温度对其中 5 口具有镜质体反射率数据的井进行了古地温梯度推测。

首先利用埋藏史和热史的研究成果确定包裹体均一温度对应的地质时间和古埋深。对 M10 井苏一段(2151.5m 和 2144.19m)测试了 22 个包裹体均一温度，分为两期，温度分布分别在 90～130℃和 140～190℃(图 4.33a)，第一期对应的地质时间和古埋深分别为 97～99Ma 和 1600.0～2100.0m(图 4.34a)。再根据古埋深和包裹体均一温度计算得到样品在 97～99Ma(银根组沉积期)经历的古地温梯度平均为 52℃/km；第二期可能与深部热源有关，不能用来计算古地温梯度。对 M10 井巴二段测试了 42 个包裹体均一温度，分为三期，第一期温度在 80～100℃，

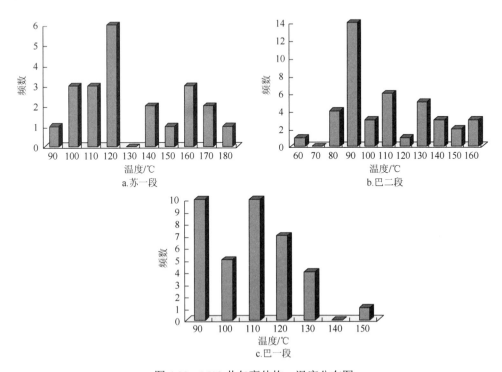

图 4.33　M10 井包裹体均一温度分布图

第二期温度在 110～120℃，第三期温度在 130～170℃（图 4.33b）。第一期对应的地质时间为 103～105Ma（苏二段沉积期），古埋深为 1647～1919m（图 4.34b），平均古地温梯度为 46℃/km；第二期对应的地质时间为 97～99Ma（银根组沉积期），古埋深为 2010.0m（图 4.34b），平均古地温梯度为 52℃/km；第三期可能与深部热液有关，不能用来计算古地温梯度。对巴一段（2826.06m、2833.56m 和 3398.31m）测试了 37 个包裹体均一温度，归为一期，温度在 90～140℃（图 4.33c），对应的地质时间为 103～107Ma（苏二段沉积期），古埋深为 1700～2900m（图 4.34c），平均古地温梯度为 44℃/km。综述所述，M10 井在苏二段沉积期的古地温梯度为 44～46℃/km，银根组沉积期的古地温梯度为 52℃/km，这与镜质体反射率得到古地温梯度相当，证明利用镜质体反射率正演得到 M10 井的热史是正确的。

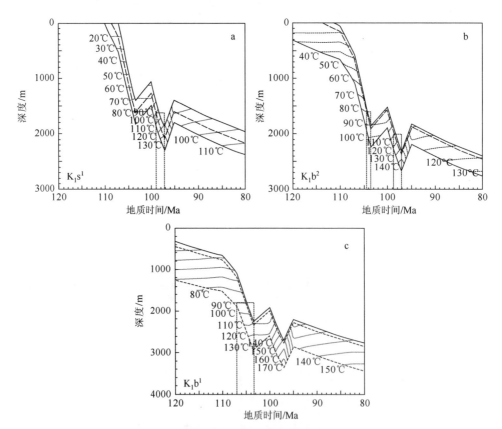

图 4.34　M10 井包裹体均一温度与埋藏史和热史的关系图

粗实线为样品的埋藏史和热史演化曲线，虚线长方形对应的地质时间为包裹体捕获的地质时间

　　按照以上方法对 Y2 井、X2 井、Y4 井和 M11 井的古地温进行推测。Y2 井的包裹体均一温度只有一期（图 4.35a），反演得出该井在银根组沉积期经历的古地

温梯度为 57℃/km（图 4.36a）；X2 井包裹体均一温度分两期（图 4.35b），分别在
苏二段沉积期和银根组沉积期（图 4.36b），古地温梯度平均为 47℃/km 和 52℃/km；
M11 井的包裹体均一温度归为一期（图 4.35c），在银根组沉积期经历的古地温梯度
为 58℃/km（图 4.36c）；Y4 井的包裹体均一温度也只有一期（图 4.35d），在银根组
沉积期经历的古地温梯度为 57℃/km（图 4.36d）。根据 5 口井利用包裹体均一温度
恢复的热史可以得出，查干凹陷在早白垩世为热盆，其中苏红图组沉积时期地温
梯度在 44～47℃/km，银根组沉积时期在 52～57℃/km。这与镜质体反射率得到
的热史是一致的。

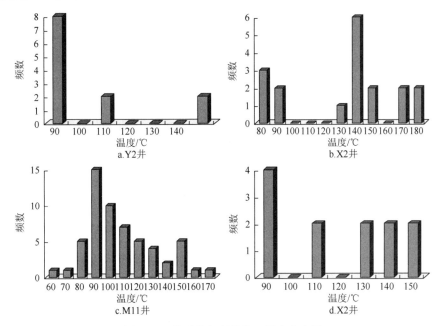

图 4.35　典型井包裹体均一温度分布图

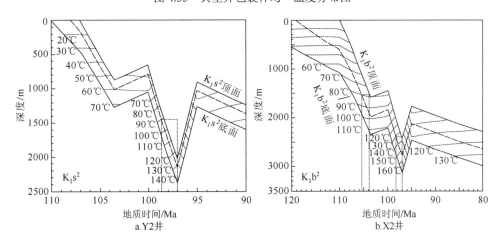

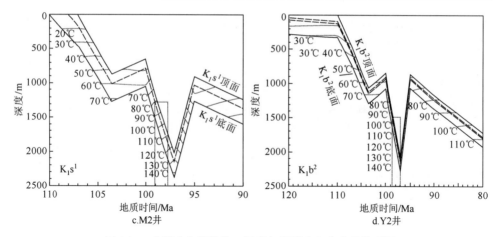

图 4.36　典型井包裹体均一温度与埋藏史和热史的关系图

4.2.4　白垩纪高地热状态探讨

查干凹陷白垩纪高地热状态与中国北方中生代断陷盆地白垩纪的热状态具有一致性，如二连盆地白垩纪地温梯度为 50～60℃/km（赵林等，1998），海拉尔盆地白垩纪地温梯度为 35～58℃/km（刘银河，1992；陈守田等，2004；崔军平等，2007），白音查干凹陷白垩纪最大地温梯度为 52℃/km（刘春晓和张晓花，2011），酒泉盆地群白垩纪地温梯度为 38～45℃/km（王世成等，1999；任战利等，1995，2000a），酒东盆地白垩纪地温梯度为 35～42℃/km（任战利等，2000b）。那么是什么原因造成查干凹陷早白垩世的高地热状态呢？可能有三种原因：其一，在早白垩世，随着阿尔金断裂及其分支断裂的走滑构造运动，查干凹陷经历了复杂的构造活动，并在苏红图组沉积时期发育多期强烈的火山喷发（卫平生等，2006），使地壳深部的能量大量释放到地表，造成早白垩世具有高地温梯度；其二，在早白垩世晚期，受燕山IV幕构造运动的影响，地壳减薄，地球深部的能量更易向地表释放，也可能造成查干凹陷早白垩世高地热状态；其三，可能受阿尔金断裂带南北两侧白垩纪发育的地幔柱活动影响（卫平生等，2006），导致查干凹陷早白垩世表现为高地热的特征。

第5章 生、排烃史研究

以热史和现今地温场为基础，结合烃源岩地球化学参数资料，利用先进的盆地模拟技术恢复查干凹陷主要烃源岩层系的生、排烃史。

5.1 烃源岩成熟度演化

对烃源岩成熟度演化模拟的研究是进行资源量计算的基础工作之一。模拟计算需要的基本参数为：各层系等厚图或构造图、烃源岩地球化学参数、地表温度、热史和岩性参数等。对于没有钻井的深凹区的烃源岩采用层序地层学的方法进行研究。各层系的地层等厚图或构造图、岩石物性参数以及烃源岩地球化学参数由中原油田提供；现今地温梯度数据采用第 3 章的数据，地层底界年龄数据采用第 4 章的数据。研究中，分别利用 BasinMod 1D 和 Basinview 软件进行单井和平面成熟度演化的模拟计算。

5.1.1 单井烃源岩演化特征

通过对不同凹陷典型井烃源岩成熟度演化的模拟计算，可以分析不同生烃凹陷内烃源岩的生、排烃史及其差异。本次研究的生烃凹陷依据查干凹陷最新的构造单元划分成果。由于钻井大都位于构造隆起区，洼陷区缺少样品，尤其在东部次凹，没有钻井资料，不能通过取心直接研究洼陷区烃源岩的成熟度演化程度，但可以通过地震解释成果及沉积相的研究成果，建立人工井进行研究。这次共模拟了西部次凹虎勒洼陷、巴润中央构造带、额很洼陷、乌力吉构造带及东部次凹罕塔庙洼陷带 12 口井的成熟度演化历史。研究中模拟了 K_1b^1、K_1b^2 和 K_1s^1 三套烃源岩沉积以来至今的成熟度演化历史。

1. 西部次凹虎勒洼陷

为了揭示虎勒洼陷烃源岩生烃潜力，已经钻探了 Y11 井和 Y12 井。这次对 Y11 井烃源岩成熟度演化进行了模拟，模拟结果显示三套烃源岩层系都在早白垩世银根组沉积末期成熟度达到最大，其中苏一段烃源岩大部分仅达到低成熟阶段；巴二段烃源岩中上部达到中成熟阶段，下部达到高成熟阶段；巴一段烃源岩达到高成熟阶段(图 5.1a)。

2. 西部次凹额很洼陷

虽然把 Y1 井划分为乌力吉构造带，但是从 Y1 井钻遇的地层厚度可以得出该井位于凹陷的沉积中心，因此借助 Y1 井来研究额很洼陷的烃源岩成熟度演化。Y1 井未钻穿巴二段，模拟中只对苏一段和巴二段烃源岩的成熟度演化进行了模拟，模拟结果显示这两套烃源岩均在银根组沉积末期达到最大成熟度，其中苏一段烃源岩达到低—中成熟阶段，巴二段除顶部处于中成熟阶段之外，其余达到高—过成熟阶段（图 5.1b）。

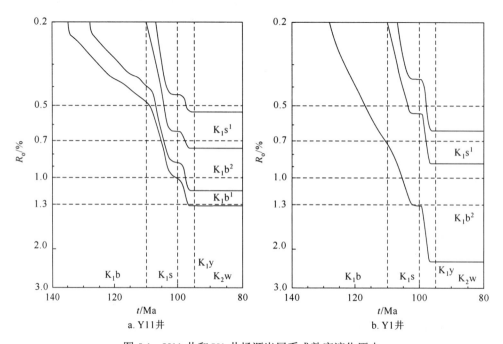

图 5.1　Y11 井和 Y1 井烃源岩层系成熟度演化历史

3. 西部次凹巴润中央构造带

对该地区的 Y2 井、Y4 井、Y6 井和 CC1 井进行了模拟，模拟结果显示 4 口井成熟度均在早白垩世银根组沉积末期达到最大，此时，Y2 井和 CC1 井巴二段烃源岩均达到过成熟阶段，巴一段达到生干气阶段（图 5.2a、b）；Y2 井苏一段烃源岩底部达到过成熟阶段，顶部达到高成熟阶段，CC1 井苏一段烃源岩达到中—高成熟阶段。Y6 井苏一段烃源岩达到低成熟阶段，巴二段烃源岩达到中成熟阶段，巴一段烃源岩中下部达到高成熟阶段（图 5.2c）。相比之下，位于巴润中央构造带北部的 Y4 井巴一段和巴二段烃源岩大体处于中成熟阶段；苏一段烃源岩仅达到低成熟阶段（图 5.2d）。

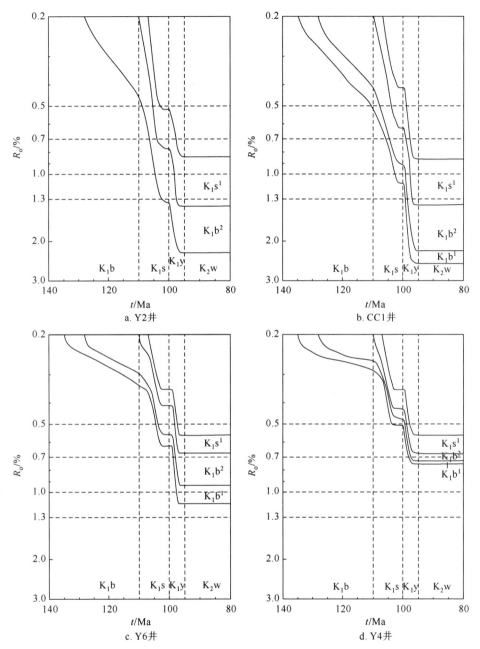

图 5.2　中央构造带 Y2-CC1-Y6-Y4 井烃源岩层系成熟度演化历史

4. 西部次凹乌力吉构造带

对该构造单元的 M11 井、M5 井和 M3 井等 6 口井进行了模拟,模拟结果显示 6 口井成熟度均在早白垩世银根组沉积末期达到最大(图 5.3,图 5.4),此时,位于构造带南部的 M11 井烃源岩成熟度演化程度最高，巴一段烃源岩达到生干气阶段，巴二段烃源岩处于中—过成熟度演化阶段，苏一段烃源岩演化程度较低，仅有底部烃源岩进入低—中成熟阶段；其次是位于构造带中部的 X2 井和 L1 井，巴二段烃源岩处于中—高成熟阶段，苏一段烃源岩处于低—中成熟阶段；相比之下构造带北部的井演化程度相对较低，巴二段烃源岩仅达到中成熟阶段，苏一段处于低—中成熟阶段。

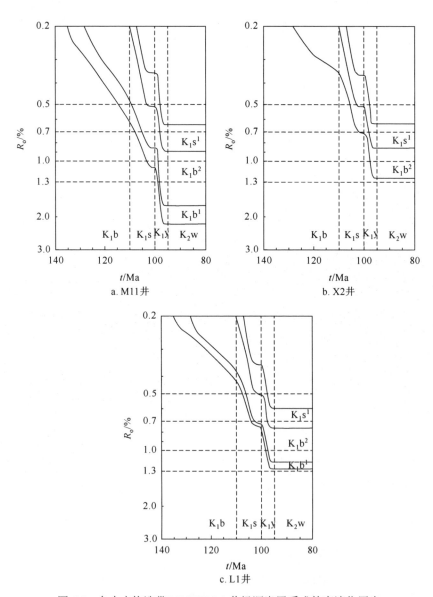

图 5.3　乌力吉构造带 M11-X2-L1 井烃源岩层系成熟度演化历史

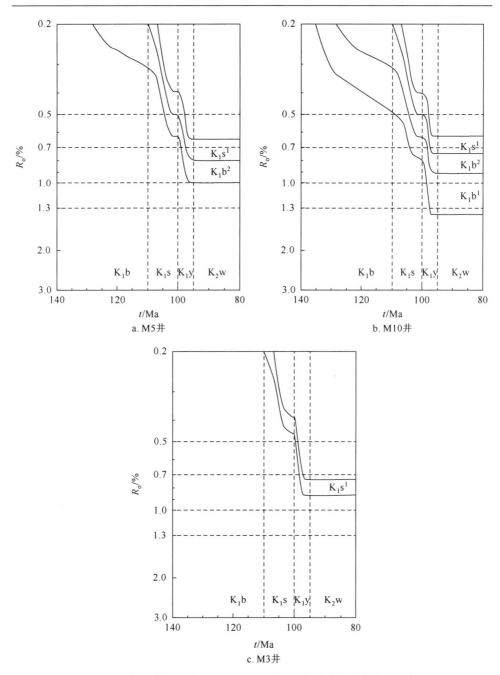

图 5.4　乌力吉构造带 M5-M10-M3 井烃源岩层系成熟度演化历史

5. 西部次凹图拉格断层陡坡带

对该构造带 Y3 井进行了烃源岩成熟度模拟，模拟结果显示苏一段烃源岩成熟度达到中—高成熟阶段，巴二段达到高—过成熟阶段（图 5.5a）。

6. 东部次凹罕塔庙洼陷带

在东部次凹罕塔庙洼陷带可能是潜在的油气生烃地区，在洼陷的北部沉积中心建立人工井 R1 井，该井的烃源岩成熟度演化历史模拟结果显示三套烃源岩成熟度都在早白垩世银根组沉积末期达到最大，其中巴一段烃源岩达到过成熟阶段，巴二段大体处于高成熟阶段，苏一段达到低—中成熟阶段（图 5.5b）。

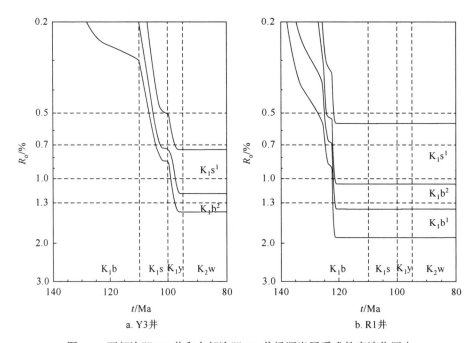

a. Y3井　　　　　　　　　　b. R1井

图 5.5　西部次凹 Y3 井和东部次凹 R1 井烃源岩层系成熟度演化历史

依据上述模拟结果，可以分析盆地各生烃凹陷/洼陷的烃源岩进入生烃门限、生油高峰、湿气和干气阶段的时间，为油气成藏研究提供基础。

5.1.2　主要烃源岩层系成熟度演化特征

在沉积埋深和构造发育史的基础上，结合烃源岩地球化学参数和热史等资料，利用 Basinview 软件模拟查干凹陷巴一段、巴二段和苏一段烃源岩的成熟度演化历史。

1. 苏一段（K_1s^1）烃源岩成熟度演化特征

在西部次凹，该套烃源岩顶面在银根组沉积末期普遍进入了生油门限，在

CC1-Y2-Y3 井区达到中成熟阶段，而东部次凹仅在罕塔庙洼陷带的北部次洼地区进入生油门限（图 5.6a）；现今，查干凹陷的成熟度演化程度与银根组沉积末期一致（图 5.6b）。

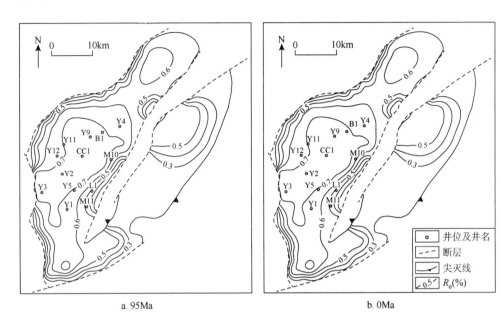

a. 95Ma　　　　　　　　　　　b. 0Ma

图 5.6　查干凹陷苏一段顶面烃源岩成熟度演化

2. 巴二段（K_1b^2）烃源岩成熟度演化特征

在苏红图组沉积末期，该套烃源岩顶面西部次凹的中部及南部地区进入生油门限，并且 Y2-Y3 井区达到中成熟阶段，而东部次凹仅在罕塔庙洼陷带的北部次洼局部地区进入生油门限（图 5.7a）；到银根组沉积末期，西部次凹普遍达到中成熟阶段，且在 CC1-Y2-Y3 井区达到高—过成熟阶段，与之相比，东部次凹成熟度演化程度较低，在罕塔庙洼陷带普遍进入生油门限，在其北部次洼中心达到中—高成熟阶段（图 5.7b）；现今，成熟度演化程度与银根组沉积末期相一致（图 5.7c）。

3. 巴一段（K_1b^1）烃源岩成熟度演化特征

苏一段沉积末期，该套烃源岩顶面仅在西部次凹中—南部地区进入生烃门限（图 5.8a）；苏二段沉积末期，西部次凹普遍进入生烃门限，并在中—南部地区达到中—过成熟阶段，而在东部次凹的罕塔庙洼陷带的中—北部地区进入生烃门限，沉积中心达到中成熟阶段（图 5.8b）；银根组沉积末期，查干凹陷普遍达到中成熟阶段，在西部次凹的 Y2-CC1 井区，成熟度超过 2.5%，为生干气阶段，此时，东部次凹在北部沉积中心也达到生干气阶段（图 5.8c）；晚白垩世至今成熟度不再增加（图 5.8d）。

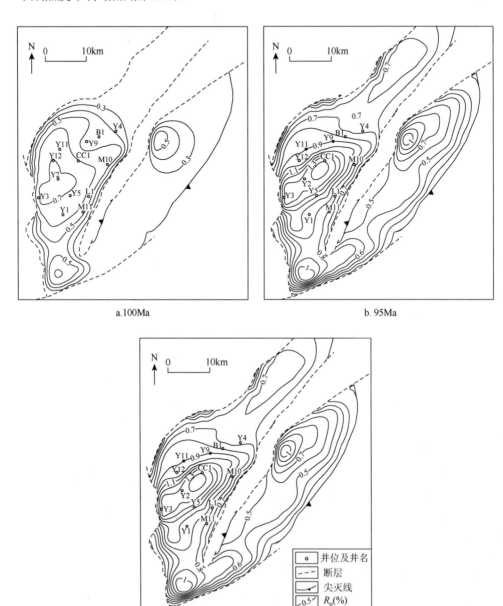

a.100Ma

b. 95Ma

c. 0Ma

图 5.7　查干凹陷巴二段顶面烃源岩成熟度演化

苏一段沉积末期，该套烃源岩底面在西部次凹中部地区进入生烃门限，少量烃源岩达到中—高成熟阶段，东部次凹也有部分烃源岩进入生烃门限（图 5.9a）；苏二段沉积末期，查干凹陷普遍进入生烃门限，在 Y1-Y2 井之间的地区成熟度最高，达到生干气阶段，在东部次凹的沉积中心达到过成熟阶段（图 5.9b）；银根组沉积末期，成熟度较上一阶段快速增加，主要沉积中心都到达了生干气阶段（图 5.9c）；晚白垩世至今成熟度不再增加（图 5.9d）。

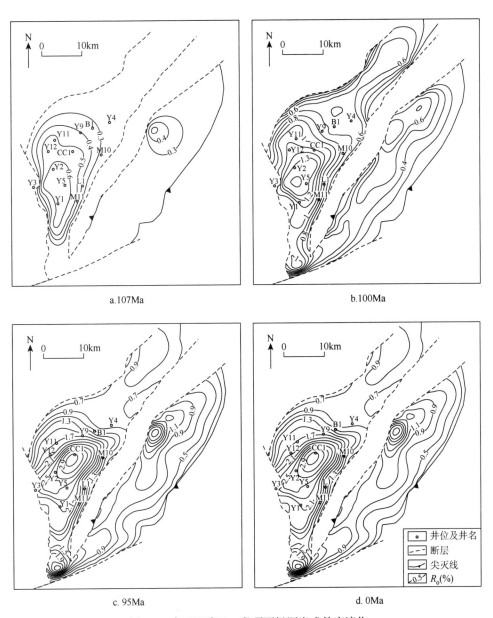

图 5.8　查干凹陷巴一段顶面烃源岩成熟度演化

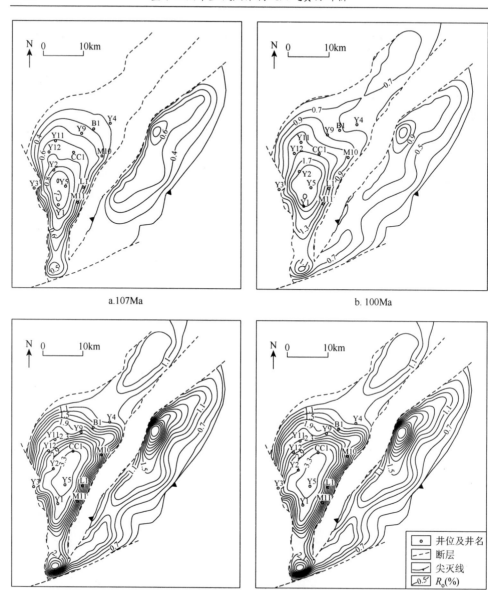

图 5.9　查干凹陷巴一段底面烃源岩成熟度演化

　　总的来说，三套烃源岩演化程度存在明显差异，具体表现为在西部次凹中巴一段和巴二段烃源岩达到中—过成熟阶段，普遍经历了生烃高峰期，生烃潜力大；而苏一段烃源岩仅达到低—中成熟阶段，没有经历生烃高峰期，生烃潜力较小；并且西部次凹明显比东部次凹演化程度高。

　　通过对烃源岩成熟度演化的模拟，可以确定不同时期烃源岩的演化程度。结合有效烃源岩厚度分布还可以确定在地质时期达到不同演化程度的烃源岩体积；结合烃源岩地球化学特征可以计算各源岩层的生、排烃量，研究主要生烃凹陷/洼陷的烃源灶演化规律(迁移特征)，为油气勘探有利地区的预测提供基础。

5.2　生、排烃史

在热史和烃源岩成熟度演化历史的基础之上，结合烃源岩有机地球化学参数，分别利用 BasinMod 1D 和 Basinview 盆模软件对查干凹陷典型井和主要烃源岩层系的生、排烃强度，生、排烃史及生、排烃量等进行模拟计算。

5.2.1　生烃史

选择西部次凹乌力吉构造带 M11 井、额很洼陷 Y1 井和虎勒洼陷 Y11 井来分析查干凹陷的生烃史(图 5.10～图 5.12)，结果显示查干凹陷主要分为苏红图期和银根期两期主要生烃期，其中巴一段烃源岩以苏红图期为主，巴二段烃源岩两期生烃，并且它们的生烃强度相当，苏一段烃源岩以银根期为主。对比三套烃源岩的生烃强度可以得出，巴二段烃源岩生烃强度最大，其次为巴一段烃源岩，苏一段烃源岩最差。对比三个构造单元的生烃强度可以得出，额很凹陷的生烃强度明显大于其他构造单元，由此可见，额很洼陷是查干凹陷最主要的生烃中心。

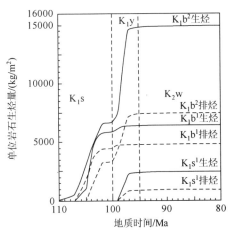

图 5.10　M11 井主要烃源岩层系
生、排烃演化图

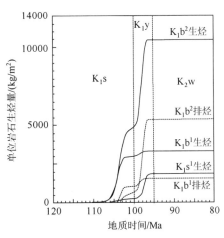

图 5.11　Y1 井主要烃源岩层系
生、排烃演化图

从三套烃源岩平面生烃强度演化来看，巴一段烃源岩在巴音戈壁组沉积时期开始生烃，生烃中心位于查干凹陷西部次凹的西南地区；至苏一段沉积时期，生烃强度有所增加，生烃中心仍位于西部次凹的西南地区，最大生烃强度超过 $2 \times 10^6 t/km^2$，而东部次凹生烃面积及生烃强度较小(图 5.13a)；至苏二段沉积时

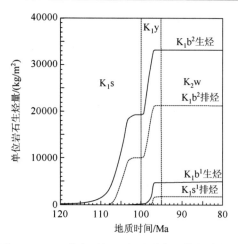

图 5.12　Y11 井主要烃源岩层系生、排烃演化图

期，生烃范围明显增加，西部次凹的生烃中心由西南地区向东北地区扩展，此时最大生烃强度达到 $2.5 \times 10^6 t/km^2$，此时，在东部次凹北部沉积中心生烃强度达到 $1 \times 10^6 t/km^2$（图 5.13b）；至银根组沉积时期，生烃范围进一步扩大，西部次凹的生烃强度变化不大，此时东部次凹的生烃强度和生烃范围有一定的增加，生烃强度达到 $1 \times 10^6 t/km^2$ 的范围明显增加（图 5.13c）；乌兰苏海组沉积至今生烃基本停止（图 5.13d）。从生烃量看，苏红图组沉积时期生烃量最大，为主要的生烃时期，生烃量达到 $5.1 \times 10^8 t$；其次为银根组沉积时期，生烃量达到 $2.5 \times 10^8 t$；而乌兰苏海组沉积至今生烃停止（图 5.14）。

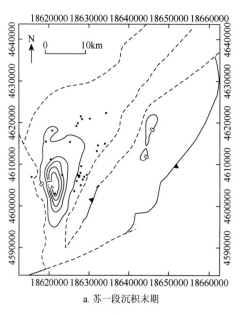

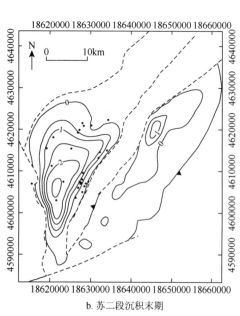

a. 苏一段沉积末期　　　　　　　　　　　b. 苏二段沉积末期

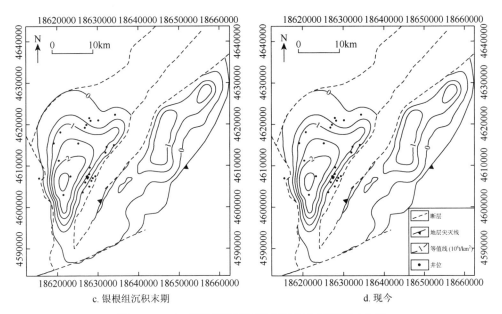

c. 银根组沉积末期　　　　　　　　　　　d. 现今

图 5.13　巴一段烃源岩不同地质时期生烃强度分布图

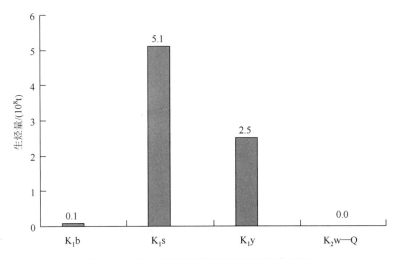

图 5.14　巴一段烃源岩不同地质时期生烃量

　　巴二段烃源岩在苏二段沉积时期开始生烃，生烃中心位于查干凹陷西部次凹的额很洼陷，虎勒洼陷也开始生烃，最大生烃强度达到 $11 \times 10^6 \mathrm{t/km^2}$，此时，东部次凹开始生烃，但生烃面积及生烃强度较小(图 5.15a)；至银根组沉积时期，生烃范围明显增加，西部次凹的生烃中心仍位于西南地区(主体部分位于额很洼陷)，最大生烃强度变化不大(图 5.15b),此时东部次凹生烃范围有较大的增加;自乌兰苏海组沉积至今生烃基本停止(图 5.15c)。从生烃量看,巴二段烃源岩在银根期生烃量最大,为 $11.9×10^8$t;其次为苏红图组沉积时期,生烃量也达到 $9.5×10^8$t;而乌兰苏海组沉积至今,生烃停止(图 5.16)。

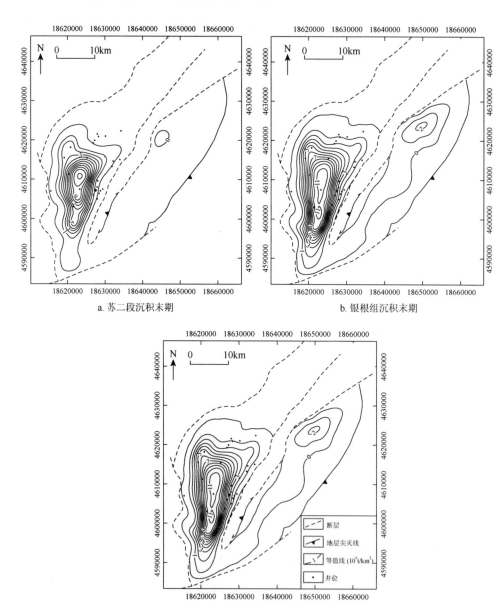

a. 苏二段沉积末期

b. 银根组沉积末期

c. 现今

图 5.15 巴二段烃源岩不同地质时期生烃强度分布图

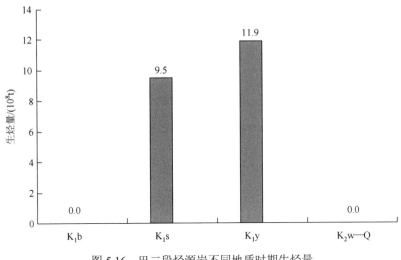

图 5.16　巴二段烃源岩不同地质时期生烃量

苏一段烃源岩在苏二段沉积时期开始生烃，但是生烃面积和生烃强度均较小，生烃强度仅为 $0.2×10^6t/km^2$（图 5.17a）；至银根组沉积时期，生烃范围明显增加，最大生烃强度超过 $2.5×10^6t/km^2$，此时东部次凹也开始生烃，但是生烃强度和生烃面积均较小（图 5.17b）；自乌兰苏海组沉积至今生烃基本停止（图 5.17c）。从生烃量看，苏二段沉积时期虽然开始生烃，但是生烃量十分有限，而银根组沉积时期生烃量达到 $3.8×10^8t$，是苏一段烃源岩最重要的生烃期，乌兰苏海组沉积至今停止生烃（图 5.18）。

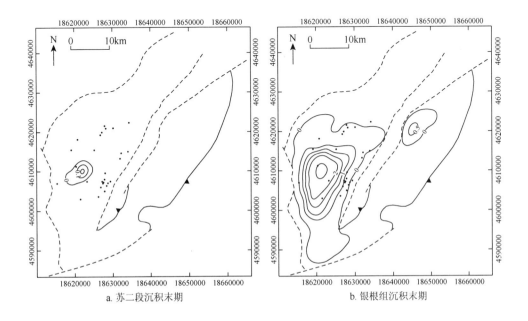

a. 苏二段沉积末期　　　　　　　　　　　　　　b. 银根组沉积末期

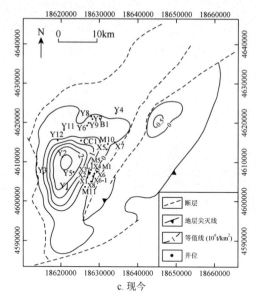

图 5.17　苏一段烃源岩不同地质时期生烃强度分布图

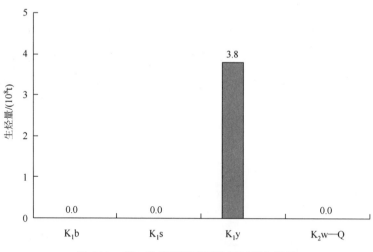

图 5.18　苏一段烃源岩不同地质时期生烃量

　　总的看来，典型井和烃源岩平面生烃强度演化均揭示出：巴一段和巴二段烃源岩表现为苏红图组沉积期和银根组沉积期两期生烃高峰期，而苏一段烃源岩仅为银根组沉积期一期生烃高峰（图 5.19）。三套烃源岩在银根组沉积末期生烃基本停止，生烃量不再增加，其中巴二段烃源岩生烃量最大，为 $21.4 \times 10^8 t$；其次为巴一段烃源岩，为 $7.7 \times 10^8 t$；苏一段烃源岩生烃量最低，仅为 $3.8 \times 10^8 t$（图 5.20）。查干凹陷烃源岩总生烃量表现为银根组沉积期最大，其次为苏红图组沉积期，而乌兰苏海组沉积至今生烃基本停止(图 5.21)。

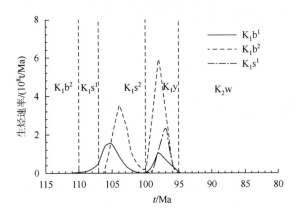

图 5.19　查干凹陷不同烃源岩生烃速率演化图

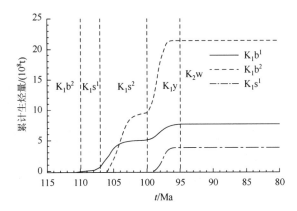

图 5.20　查干凹陷不同烃源岩生烃演化图

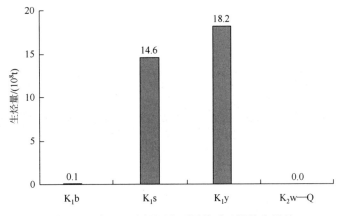

图 5.21　查干凹陷烃源岩不同地质时期总生烃量

5.2.2 排烃史

　　同样选择西部次凹乌力吉构造带 M11 井、额很洼陷 Y1 井和虎勒洼陷 Y11 井来分析查干凹陷的排烃史，结果显示查干凹陷主要分为苏红图组沉积期和银根组沉积期两期主要排烃期，其中巴一段烃源岩以苏红图组沉积时期为主；巴二段烃源岩在乌力吉构造带 M11 井和额很洼陷 Y1 井两期排烃，它们的排烃强度相当，而虎勒洼陷 Y11 井以银根组沉积时期为主；苏一段烃源岩以银根组沉积时期为主（图 5.10～图 5.12）。对比三套烃源岩的排烃强度可以得出，巴二段烃源岩排烃强度最大，其次为巴一段烃源岩，苏一段烃源岩最差。对比三个构造单元的排烃强度可以得出，额很凹陷的排烃强度明显大于其他构造单元，由此可见，额很洼陷是查干凹陷最主要的排烃中心。

　　从三套烃源岩平面排烃强度演化来看，巴一段烃源岩在巴音戈壁组沉积时期查干凹陷未排烃；至苏一段沉积时期，西部次凹开始排烃，排烃中心在凹陷西南地区，此时最大排烃强度为 $2.0 \times 10^6 t/km^2$，但是排烃面积较小（图 5.22a）；至苏二段沉积时期，排烃面积明显增大，此时东部次凹也开始排烃（图 5.22b）；至银根组沉积时期，排烃范围进一步增大，此时东部次凹也大面积排烃（图 5.22c）；乌兰苏海组沉积至今排烃强度不再增加，排烃停止（图 5.22d）。从排烃量看，苏红图组沉积时期最大，达到 $2.4 \times 10^8 t$，为主要的排烃时期；其次为银根组沉积时期，生烃量也达到 $1.1 \times 10^8 t$；而乌兰苏海组沉积至今排烃停止（图 5.23）。

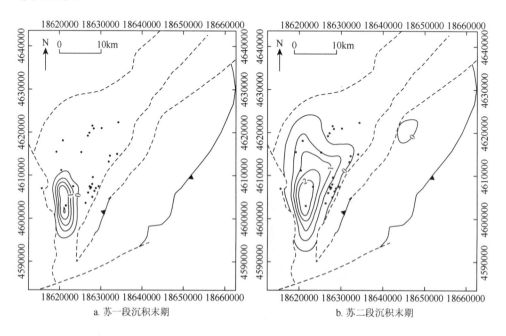

a. 苏一段沉积末期　　　　　　　　　　　　b. 苏二段沉积末期

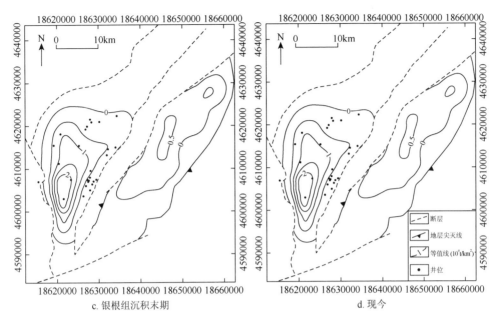

c. 银根组沉积末期   d. 现今

图 5.22 巴一段烃源岩不同地质时期排烃强度分布图

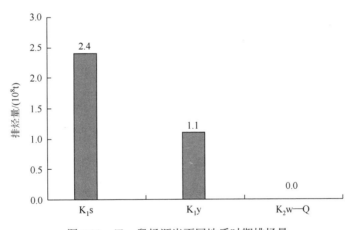

图 5.23 巴一段烃源岩不同地质时期排烃量

巴二段烃源岩在苏二段沉积时期开始排烃，排烃中心位于查干凹陷西部次凹的西南地区，排烃强度最大为 $6.0 \times 10^6 \text{t/km}^2$，此时东部次凹还未排烃（图 5.24a）；至银根组沉积时期，排烃范围明显增加，最大排烃强度达到 $10.0 \times 10^6 \text{t/km}^2$，此时东部次凹也开始排烃，但是排烃强度较小（图 5.24b）；自乌兰苏海组沉积至今排烃停止（图 5.24c）。从排烃量看，银根组沉积时期和苏红图组沉积时期是巴二段最重要的排烃期，排烃量分别达到 $6.0 \times 10^8 \text{t}$ 和 $4.7 \times 10^8 \text{t}$，乌兰苏海组沉积至今不再排烃（图 5.25）。

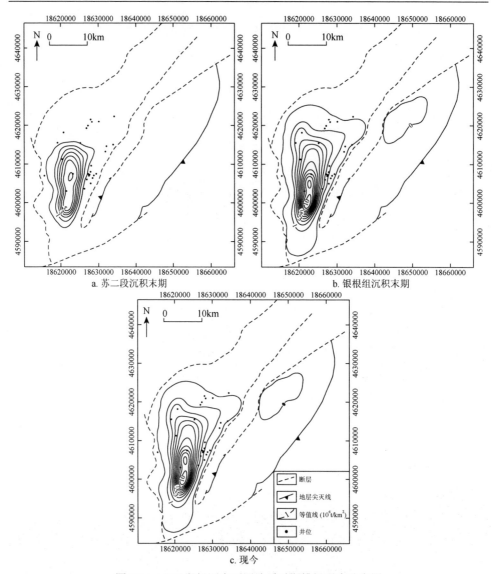

图 5.24　巴二段烃源岩不同地质时期排烃强度分布图

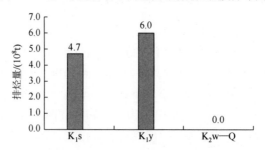

图 5.25　巴二段烃源岩不同地质时期排烃量

苏一段烃源岩在银根组沉积时期开始排烃，最大排烃强度为 $2.0 \times 10^6 t/km^2$（图 5.26a）；乌兰苏海组沉积至今排烃停止（图 5.26b）。从排烃量看，银根组沉积时期排烃量达到 $1.3 \times 10^8 t$，为主要的排烃期（图 5.27）。

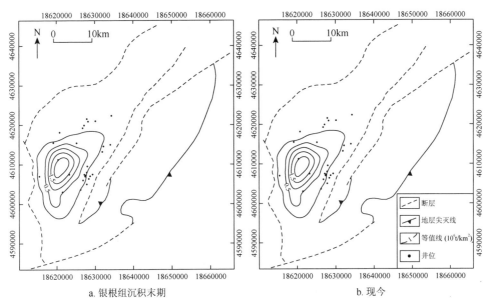

a. 银根组沉积末期　　　　　　　　　　b. 现今

图 5.26　苏一段烃源岩不同地质时期排烃强度分布图

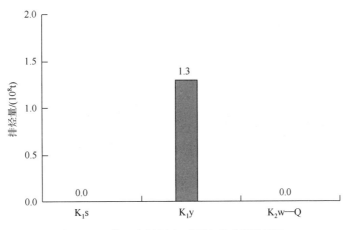

图 5.27　苏一段烃源岩不同地质时期排烃量

总的看来，巴一段和巴二段烃源岩表现为苏红图组沉积时期和银根组沉积时期两期排烃高峰期，而苏一段烃源岩表现为银根组沉积时期一期排烃高峰（图 5.28）。从排烃量来看，巴二段的排烃量最大，巴一段次之，苏一段最小（图 5.29）。

查干凹陷烃源岩总的排烃量表现为银根组沉积时期最大，为 $8.4 \times 10^8 t$；其次为苏红图组沉积时期，也达到 $7.1 \times 10^8 t$（图 5.30）。

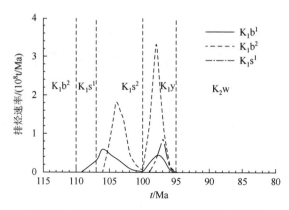

图 5.28　查干凹陷不同烃源岩排烃速率演化图

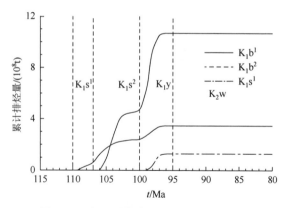

图 5.29　查干凹陷不同烃源岩排烃演化图

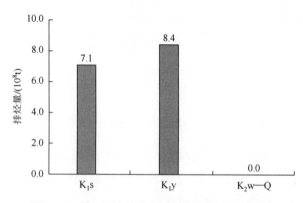

图 5.30　查干凹陷烃源岩不同地质时期总排烃量

5.3 火山活动与有机质热演化的关系

5.3.1 火山活动在时间及空间的分布

查干凹陷在早白垩世苏红图组沉积时期共发生 10 期火山活动,岩性主要包括玄武岩、安山岩和凝灰岩,为喷出岩,目前还没有发现侵入岩。火山岩平面分布表现为从南至北、从东向西均逐渐增厚(左银辉等,2013a,2013b)。对苏一段火山口分布研究表明,火山活动沿毛西断裂带和巴润断裂带在乌力吉构造带和巴润中央构造带发育,西南洼陷地区烃源岩发育中心基本没有火山活动(Zuo et al.,2015)。

5.3.2 火山活动对烃源岩的热效应

沉积盆地中岩浆侵入带是除断裂活动带、放射性元素富集区之外的最主要的局部热源。火山作用为沉积盆地提供了新的热源,这必然对有机质的成烃进程和成烃量产生一定的作用,即存在火山作用的热效应。业已认识到火山作用的热效应对油气成藏既有有利的一面,即加速烃源岩的成熟和成烃作用,也有不利的一面,就是破坏前期形成的油藏或加速烃源岩进入过成熟期。关于喷出岩对烃源岩成熟度演化的影响的研究,没有相关文献,这主要是由于岩浆喷出地表,高温岩浆与空气和(或)水直接接触,为一开放体系,热量散失很快,并且热量散失主导方向是向上的,近地表还没有固结成岩的有机质受岩浆热液烘烤作用及作用时间十分有限,其研究的科学价值较小,故没有相关的研究成果。而对侵入岩对烃源岩的烘烤作用(热效应)的研究,最近二十多年出现大量的成果(陈荣书等,1989;张健和石耀霖,1997;Galushkin,1997;Araujo and Ceraueira,2000;Stagpoole and Funnell,2001;霍秋立,2007;Fjeldskaar et al.,2008;王民等,2010)。研究表明受岩浆侵入体散热的影响,围岩中有机质镜质体反射率急剧上升(可达 5%),远远高于沉积盆地正常热演化所能达到的成熟度,表明岩浆侵入体散热可以加速围岩有机质成熟,典型的板状侵入体往往在镜质体反射率深度剖面会出现"灶体生烃模式"(图 5.31)。但是岩浆侵入体的热作用影响范围十分有限,一般 $X/D<2$(X/D 代表离火山岩体接触面的距离与侵入体厚度的比值),而且火山侵入体的热作用还与烃源岩生烃期密切相关。

(1)岩浆侵入体的侵位发生在烃源岩生烃之前,岩浆侵入体的热作用可以使在其影响范围内的烃源岩快速生烃,改变生烃期;

(2)岩浆侵入体的侵位发生在烃源岩生烃结束后,岩浆侵入体的热作用对高过成熟有机质生烃影响不大;

(3)岩浆侵入体的侵位发生在烃源岩生烃期,岩浆侵入体的热作用可以使在其影响范围内的烃源岩的生烃期提前。

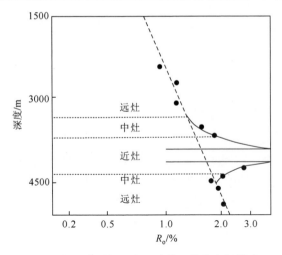

图 5.31　烃源岩受侵入岩影响的"灶体生烃模式"

得克萨斯州 Delaware 盆地一口井的干酪根热成熟剖面(Dow，1977)

　　火山作用对烃源岩成熟生烃的影响大致可以分为两类，一类是受岩浆侵入体的直接烘烤，烃源岩成熟度局部受到影响，在镜质体反射率深度剖面上出现异常段(或异常高点)，具有"灶体生烃模式"的特点，如塔里木盆地镜质体反射率深度剖面，在石炭系和二叠系中镜质体反射率出现异常，如塘北 2 井和和田 1 井等井(图 5.32)；另一类是受同一古地温场控制(其中火山作用的热效应转化为地温梯度)，这主要是由于陆内裂陷盆地中岩石圈拉张减薄，地幔上涌，造成岩石圈热流上升、地温梯度增加，同时岩浆沿着断裂等薄弱带喷出地表，向沉积盖层带来大量的热量，进一步促使热流上升、地温梯度增加，此时，沉积盆地受同一地温场控制(不存在局部热源的烘烤作用)，结果造成所有烃源岩层成熟度演化具有一致性，镜质体反射率深度剖面(或转化的样品经历过的最大古地温剖面)表现为线性关系(图 5.33)。

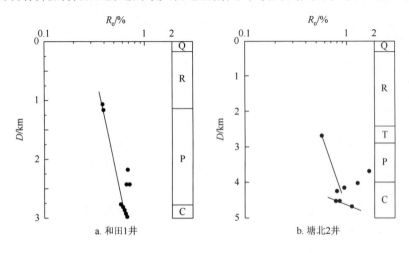

a. 和田1井　　　　　　　　　　　b. 塘北2井

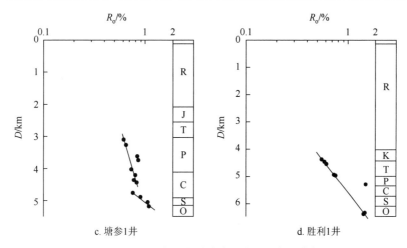

c. 塘参1井　　　　　　　　　　　d. 胜利1井

图 5.32　塔里木盆地典型井镜质体反射率深度剖面

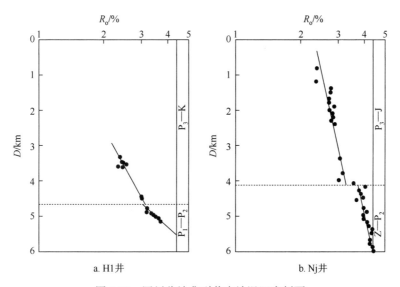

a. H1井　　　　　　　　　　　b. Nj井

图 5.33　四川盆地典型井古地温深度剖面

查干凹陷各井的镜质体反射率深度剖面具有很好的线性关系(图 5.34),与四川盆地镜质体反射率(古地温)深度剖面相一致。可见查干凹陷下白垩统的烃源岩受同一个古地温场控制,岩浆活动对烃源岩的直接加热烘烤作用不明显,如 L1井与10m厚的玄武岩(2370～2380m)底面接触的烃源岩镜质体反射率仅为0.78%,经历的最大古地温为 122℃ (表 5.1);M10 井与 96m 厚的玄武岩和安山岩(2256～2352m)底面接触的烃源岩镜质体反射率仅为 0.77%,经历的最大古地温为 120℃(表 5.1);M5 井距 20m 厚的玄武岩(2282～2302m)底面 4.3m 处的烃源岩镜质体反射率仅为 0.56%,经历的最大古地温为 80℃(表 5.1);M5 井距 25m 厚的玄武岩

(2418～2443m)底面 23m 处的烃源岩镜质体反射率为 0.64%，经历的最大古地温为 97℃（表 5.1），其余井也有这种规律（表 5.1）。由以上单井烃源岩经历的古地温远远小于其上的 1000℃岩浆温度，由此可以得出查干凹陷烃源岩受喷出岩浆直接烘烤的热作用相对较小，但是岩浆从基底喷出地表，带来了大量的热量，尤其是新生岩浆放射性元素含量比围岩高，在岩浆冷却过程中持续生热，在以上共同作

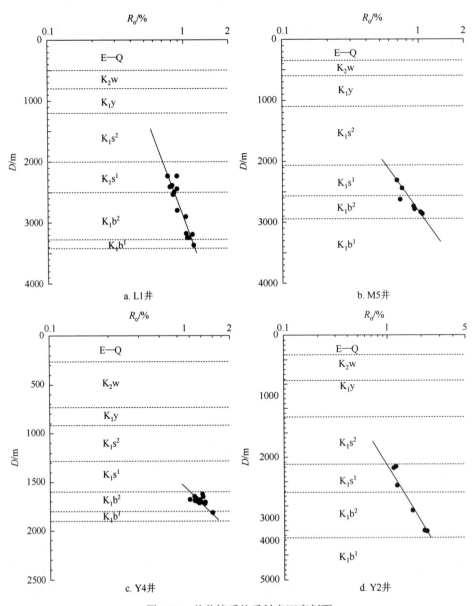

图 5.34　单井镜质体反射率深度剖面

用下，使得整个沉积盖层地温梯度增大，并在火山集中喷出区域有更大的古地温梯度，在烃源岩生烃过程中表现为浅的生烃门限，在查干凹陷苏一段底古生烃门限为 1423～1774m（表 5.2），平均为 1702m，这与查干凹陷苏一段火山活动密切相关。而且查干凹陷苏一段古生烃门限明显比低的地热状态对应的生烃门限深度浅，如渤海海域（新生代盆地）受现今地温场控制（地温梯度为 31.8℃/km），其生烃门限在 2500m（Zuo et al.，2011）。

表 5.1　单井火山岩与烃源岩成熟度的关系

井号	层位	火山岩/m		样品点			距火山岩底界/m
		顶底	厚度	深度/m	R_o/%	T_{max}/℃	
Y2 井	K_1s^1	2687～2696	9	2697.3	1.10	166	1.3
M3 井	K_1s^1	1686～1782	96	1799.3	0.75	117	17.3
	K_1s^1	2282～2302	20	2306.3	0.56	80	4.3
M5 井	K_1s^1	2418～2443	25	2466.0	0.64	97	23.0
	K_1s^1	2620～2624	4	2630.0	0.62	93	6.0
Y4 井	K_1s^1	1550～1596	46	1628.0（K_1b^2）	0.70	108	32.0
L1 井	K_1s^1	2165.5～2189	23.5	2217.5	0.75	117	28.5
	K_1s^1	2370～2380	10	2380.0	0.78	122	0
M10 井	K_1s^1	2256～2352	96	2352.0	0.77	120	0

注：样品经历的最大古地温与镜质体反射率的关系为 $\ln R_o=0.0078T_{max}-1.2$（Barker and Pawlewicz，1986）。

表 5.2　查干凹陷苏一段底古生烃门限

构造单元	井名	现今生烃门限/m	K_1s^1 底古生烃门限/m
	Y4 井	1122	1587
巴润中央构造带	CC1 井	1235	1774
	Y2 井	1508	1622
	M10 井	1521	1742
	M3 井	1022	1763
	M5 井	1548	1694
乌力吉构造带	L1 井	1440	1670
	X2 井	1329	1752
	M11 井	1268	1584
额很注陷	Y1 井	1321	1770
虎勒注陷	Y11 井	1297	1770

第6章 油气成藏期次确定

　　油气成藏期次一直是油藏地球化学研究中棘手但又不得不面对的问题，因为研究油气藏的成藏期次对油气勘探具有重要的指导意义。以前研究油气藏的成藏期次主要是根据油气藏中油气(现今油气)组分的地化指标以及地质构造运动等手段，这些方法存在很多不确定因素，因而所产生的分析结果必定带有不确定成分，因为油气藏中的油气是烃源岩生成的油气经过漫长的地质历史时期的演化和交换而生成的，现今油气组分和古油气组分在成熟度、成分和物化特征等方面都有很大的差别。而流体包裹体运用于油气藏的成藏期次分析中克服了很多不确定因素。

　　流体包裹体是指地层中的岩石在埋藏成岩过程中所捕获的液态或气态流体，作为封存在矿物晶穴或裂隙中的原始有机流体，是油气运移聚集过程的原始记录。它的最大特点是可以记录下每一期油气运移的特征，而且，这些特征一般不会因后期继承性的叠加改造而消失。因此，有机包裹体在油气藏成藏史研究中具有不可替代的作用(胡复唐，1997；宋子齐等，2003)。

　　流体包裹体在捕获时为均一相，随着温度、压力的下降，流体收缩分离而形成气液两相。把它放在冷热台上加热，随着温度的增大，两相逐步复原为一个均一相，这时的温度叫流体包裹体均一温度。

　　自从英国学者 Sorby 于 1858 年对有机包裹体进行均一温度测定以来，逐渐与地球物理、地热学及地球化学等学科联系起来，作为一种重要的技术手段来研究沉积盆地的成藏时间、成藏的古地温、古压力以及油气运移成藏期次(England et al.，1987；Macpherson，1992；Karsen et al.，1993；Prinon et al.，1995；郝芳等，1996；Journel，1998；伍新和，2000)。20 世纪 90 年代以来，流体包裹体在油气成藏研究中得到了广泛应用，已成为当代石油地质领域研究油气藏形成期次最重要、最有效的一种方法(Journel，1998；宋子齐等，2002)。

　　在油气成藏期次及充注史研究中，流体包裹体方法的应用主要表现在以下三个方面(郝芳等，1996)。

　　(1)根据不同期次包裹体中烃类的组成及生物标志化合物分布，研究油气充注期次及不同期次油气的来源和成熟度。成岩矿物中的有机包裹体反映了矿物形成期油气的组成。包裹体的油气处于封闭状态，不受分子扩散、密度差异等因素引起的组分均一化作用的影响，是被封闭的古油气"样品"或"化石"，因此，不同期次流体包裹体中油气的组成及其变化"记录"了油气充注史。

　　(2)根据有机包裹体的类型(气态烃、液态烃包裹体)及其相对和绝对丰度，并与储层地球化学分析技术相结合，确定油气充注期次。

(3) 根据流体包裹体均一温度，结合精细埋藏史恢复和热史分析，确定不同期次油气注入的绝对时间。

本书共测试了 M10、M11、M12 等 16 口井的液态包裹体均一温度(表 4.3)，可以用来刻画查干凹陷的油气成藏充注的期次及相应的地质时间。

6.1 研究方法

根据包裹体均一温度，结合精细的埋藏史和热史的研究成果，划分油气成藏期次，具体按照以下步骤进行研究。

(1) 首先选择单井与烃类相关的盐水包裹体的均一温度，绘制温度分布直方图，划分包裹体均一温度的期次；

(2) 利用古温标恢复该井的埋藏史和温度史；

(3) 绘制样品埋藏史曲线及经历的温度史曲线；

(4) 结合地质实际情况，寻找不同期次的包裹体均一温度与样品经历的温度相等的点，该点对应的地质时间即为油气充注的地质时间，对应的深度即为油气充注时样品的古埋深。

按照以上方法就能划分油气成藏的期次，但是往往会发现包裹体均一温度大于样品经历的古温度，这种情况包裹体很有可能与其他热液作用有关，而与油气充注无关，不能用来划分油气充注期次。

6.2 油气成藏期次

在镜下，查干凹陷包裹体广泛发育，其分布具有呈成群、带状、串珠状、沿愈合微裂缝分布，这表明查干凹陷经历了多期且强烈的油气充注(图 6.1)。根据以上方法，分别对巴一段、巴二段、苏一段和苏二段四套储层油气充注期次及对应的地质时间进行了研究。

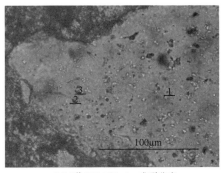
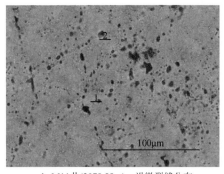

a. M10井(2436.83m)，成群分布　　　　　　b. M11井(2079.88m)，沿微裂缝分布

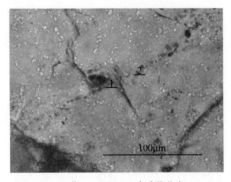

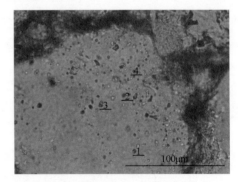

c. Y2井 (2120.46m)，串珠状分布　　　　　　　　d. Y4井 (1645.64m)，带状分布

图 6.1　査干凹陷包裹体分布形态

1. 巴一段

针对巴一段储层的油气充注期次及对应的地质时间的研究，测试了 L1 井、LP1 井、M10 井和 M11 井共 123 个包裹体均一温度(图 6.2)，研究结果表明巴一段储层主要为苏红图组沉积时期一期油气充注(图 6.3)。

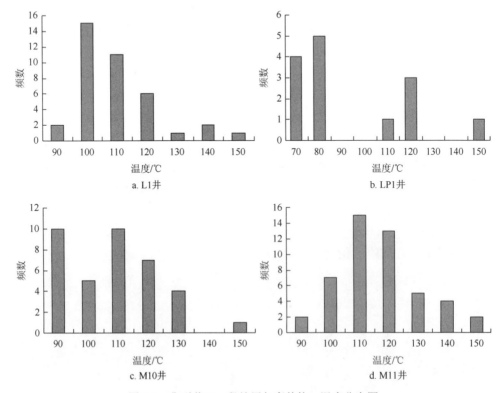

图 6.2　典型井巴一段储层包裹体均一温度分布图

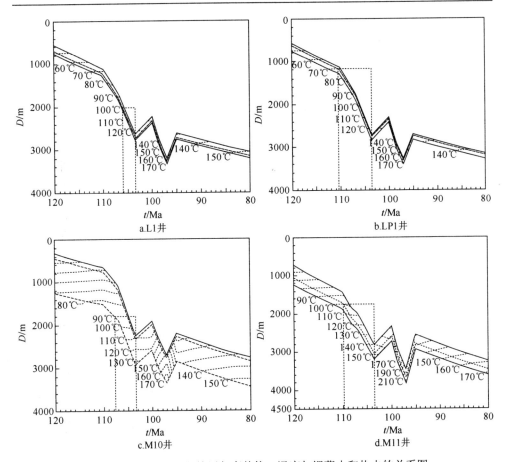

图 6.3　典型井巴一段储层包裹体均一温度与埋藏史和热史的关系图

2. 巴二段

针对巴二段储层的油气充注期次及对应的地质时间的研究，测试了 X2 井、Y4 井、M10 井和 M11 井共 99 个包裹体均一温度(图 6.4)，研究结果表明巴二段储层主要为苏红图组沉积时期和银根组沉积时期两期油气充注(图 6.5)。

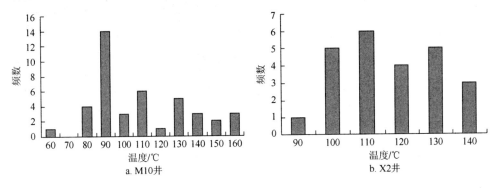

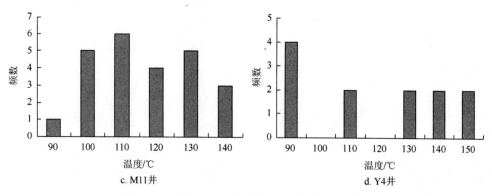

图 6.4　典型井巴二段储层包裹体均一温度分布图

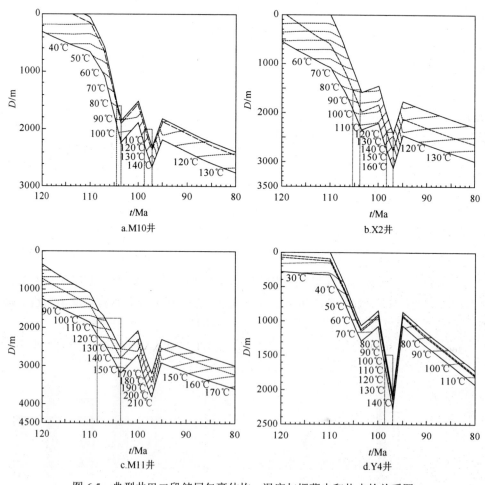

图 6.5　典型井巴二段储层包裹体均一温度与埋藏史和热史的关系图

3. 苏一段

对 M10 井、M11 井和 Y6 井苏一段储层的油气充注期次及对应的地质时间的研究，研究结果显示苏一段储层经历了银根组沉积时期一期油气充注(图 6.6，图 6.7)。

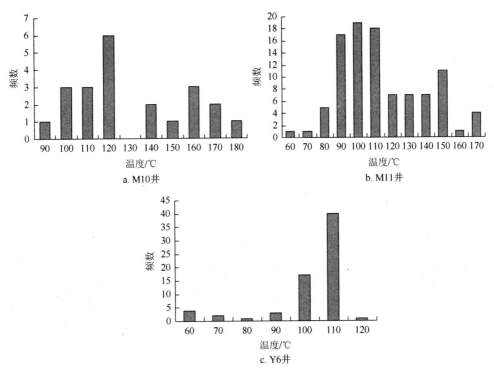

图 6.6　典型井苏一段储层包裹体均一温度分布图

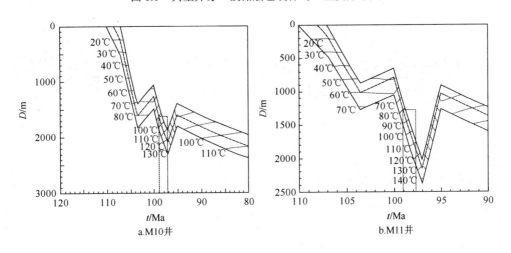

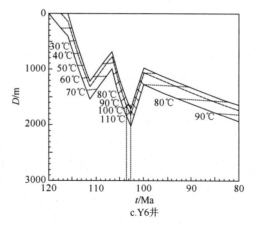

c.Y6井

图 6.7　典型井苏一段储层包裹体均一温度与埋藏史和热史的关系图

4. 苏二段

对 Y2 井苏二段储层的油气充注期次及对应的地质时间的研究，结果显示苏二段储层经历了银根组沉积时期一期油气充注 (图 6.8，图 6.9)。

总的来说，查干凹陷主要经历了早白垩世苏红图组沉积时期和银根组沉积时期两期油气成藏，这与查干凹陷主要两期排烃相对应。但是不同层系成藏期次及对应的地质时间存在差异：巴一段经历了苏红图组沉积时期一期油气成藏；巴二段经历了苏红图组沉积时期和银根组沉积时期两期油气成藏；苏一段和苏二段经历了银根组沉积时期一期成藏；结合查干凹陷两期排烃及凹陷构造演化可以推测出银根组经历了银根组沉积时期一期成藏。至于晚白垩世至今是否存在油气藏破坏、调整，再次进行油气充注呢？从测试的包裹体均一温度来看，不存在大量的油气充注，这与查干凹陷晚白垩世至今处于拗陷沉积阶段，构造应力以挤压构造应力为主，并且构造活动相对较弱，使得前期存在的油气藏得以保存，有利于查干凹陷油气的勘探。

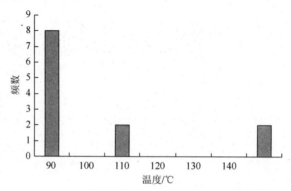

图 6.8　Y2 井苏二段储层包裹体均一温度分布图

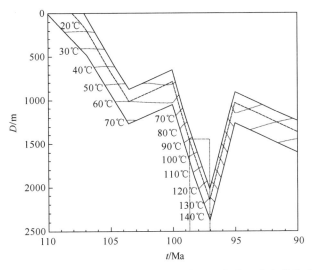

图 6.9　Y2 井苏二段储层包裹体均一温度与埋藏史和热史的关系图

第7章 油气资源评价

7.1 方法及参数

本次主要采用盆地模拟的方法对查干凹陷的资源量进行计算，在计算中需要各烃源岩层系的排烃量（见第5章）和油气聚集系数。油气聚集系数是指聚集量（$Q_{聚}$）占排烃量（$Q_{排}$）的百分比。研究证明，影响油气聚集系数的因素有很多，对于油气聚集系数的取值，长期以来人们都没有一个较好的合适模型，尤其是定量求取生聚系数的方法更少，一般多采用与已知勘探程度比较高的含油气盆地的聚集系数进行地质类比的方法来半定量确定。

在1999年的全国三次资源评价中，二连盆地白音查干凹陷的聚集系数K_1ba^2、K_1bt取值为16%，获得了白音查干凹陷的油气资源量为$1.51 \times 10^8 t$（表7.1），根据目前的勘探实践，具有较高的可信度。

表 7.1　白音查干凹陷石油资源量数据表（截至1999年12月）

层位	生成量/(10^8t)	排烃系数/%	排出量/(10^8t)	聚集系数/%	资源量/(10^8t)
K_1bd^1	15.87	16	2.54	20	0.51
K_1bt	11.02	25	2.75	16	0.44
K_1ba^2	11.67	30	3.50	16	0.56
总计	38.56	—	8.79	—	1.51

结合查干凹陷的构造演化、圈闭形成时间、断裂活动、排烃期次及成藏期次等，参考白音查干凹陷的研究成果，苏红图组沉积时期的聚集系数采用10%，银根组沉积时期的聚集系数采用20%。苏一段、巴二段和巴一段烃源岩总的聚集系数分别为20%、16%和13%，与白音查干凹陷的聚集系数相当。苏一段烃源岩的排聚系数为7%，巴二段烃源岩的排聚系数为8%，巴一段的烃源岩的排聚系数为6%。因此，查干凹陷三套烃源岩的排聚系数在6%～8%，其排聚系数值与国内其他陆相断陷盆相当（柳广弟等，2003）。

7.2　资源量计算的结果

7.2.1　不同烃源岩层系主要地质时期的资源量

查干凹陷的生、排烃史的研究结果显示查干凹陷巴二段和巴一段烃源岩主要

经历了苏红图组和银根组沉积时期的两期生、排烃，苏一段烃源岩经历了银根组
沉积时期一期生、排烃，因此利用盆地模拟方法分别计算了苏红图组和银根组沉
积时期的资源量。结果显示查干凹陷的资源量达到 $2.39×10^8t$，揭示出该凹陷具
有较好的资源背景(表 7.2)。对比不同地质时期，三套烃源岩资源量存在差异：在
苏红图组沉积时期，巴二段烃源岩资源量最大，为 $0.47×10^8t$，其次为巴一段烃
源岩，资源量为 $0.24×10^8t$，此时苏一段烃源岩还未生烃；在银根组沉积时期巴
二段烃源岩资源量仍为最大，达到 $1.2×10^8t$，其次为苏一段烃源岩，资源量为
$0.26×10^8t$，巴一段烃源岩资源量最小，仅为 $0.22×10^8t$。此外，三套烃源岩的资
源量也存在较大差异：巴二段烃源岩资源量最大，达到 $1.67×10^8t$，占查干凹陷
总资源量的 70%，其次为巴一段烃源岩，资源量为 $0.46×10^8t$，占查干凹陷总资
源量的 19%，苏一段烃源岩资源量最小，仅为 $0.26×10^8t$，占查干凹陷总资源量
的 11%(表 7.2，图 7.1a)。

表 7.2　查干凹陷主要地质时期的资源量计算结果

地质时期	苏红图组沉积时期				银根组沉积时期				合计		
	生烃量/(10^8t)	排烃量/(10^8t)	聚集系数/%	资源量/(10^8t)	生烃量/(10^8t)	排烃量/(10^8t)	聚集系数/%	资源量/(10^8t)	生烃量/(10^8t)	排烃量/(10^8t)	资源量/(10^8t)
K_1s^1	0	0	—	0	3.8	1.3	20	0.26	3.8	1.3	0.26
K_1b^2	9.5	4.7	10	0.47	11.9	6	20	1.2	21.4	10.7	1.67
K_1b^1	5.2	2.4	10	0.24	2.5	1.1	20	0.22	7.7	3.5	0.46
合计	14.7	7.1	—	0.71	18.2	8.4	—	1.68	32.9	15.5	2.39

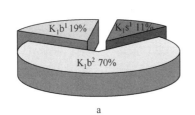
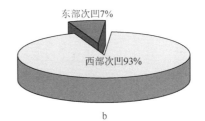

图 7.1　资源量对比

对比苏红图组沉积时期和银根组沉积时期的资源量，巴一段烃源岩两期资
源量相当，苏红图组沉积时期为 $0.24×10^8t$，银根组沉积时期为 $0.22×10^8t$；巴
二段烃源岩资源量银根组沉积时期比苏红图组沉积时期大，后者为 $1.2×10^8t$，前
者仅为 $0.47×10^8t$；苏一段烃源岩仅在银根组沉积时期具有资源量，为 $0.26×10^8t$。
总的来看，苏红图组沉积时期，三套烃源岩总资源量为 $0.71×10^8t$，而银根组
沉积时期，三套烃源岩总资源量达到 $1.68×10^8t$，是苏红图组沉积时期的 2.4 倍
(表 7.2，图 7.2)。

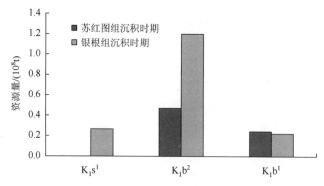

图 7.2　不同烃源岩层系主要地质时期的资源量

7.2.2　东、西部次凹资源量对比

查干凹陷西部次凹的资源量明显比东部次凹的大，西部次凹的资源量达到 2.23×10^8t，占总资源量的 93%（图 7.1b，表 7.3），是东部次凹资源量的 14 倍。

表 7.3　查干凹陷东、西部次凹资源量计算结果　　　　　　　　（单位：10^8t）

烃源岩层系	西部次凹			东部次凹		
	生烃量	排烃量	资源量	生烃量	排烃量	资源量
K_1b^1	5.8	2.9	0.34	1.9	0.6	0.12
K_1b^2	15.4	10.5	1.63	6.0	0.2	0.04
K_1s^1	3.7	1.3	0.26	0.1	0	0
合计	24.9	14.7	2.23	8	0.8	0.16

7.2.3　西部次凹不同构造单元资源量对比

根据巴一段、巴二段和苏一段的构造单元划分结果，计算了西部次凹不同构造单元的资源量，其中额很洼陷资源量最大，为 1.780×10^8t；其次为虎勒洼陷，资源量为 0.214×10^8t；乌力吉构造带和巴润中央构造带也具有一定的资源量，分别为 0.136×10^8t 和 0.100×10^8t（表 7.4）。由此可见，勘探应主要围绕额很洼陷进行。

表 7.4　查干凹陷西部次凹不同构造单元资源量计算结果　　　　（单位：10^8t）

构造单元	资源量			
	K_1b^1	K_1b^2	K_1s^1	合计
额很洼陷	0.27	1.26	0.250	1.780
虎勒洼陷	0.03	0.18	0.004	0.214
乌力吉构造带	0.02	0.11	0.006	0.136
巴润中央构造带	0.02	0.08	0	0.100
合计	0.34	1.63	0.260	2.230

7.2.4　不同成藏体系资源量对比

据主要排烃时期巴一段、巴二段和苏一段的古构造图，利用流动势和分割槽理论(庞雄奇等，2003)初步划分得出西部次凹不同层系的成藏体系(图7.3～图7.5)。

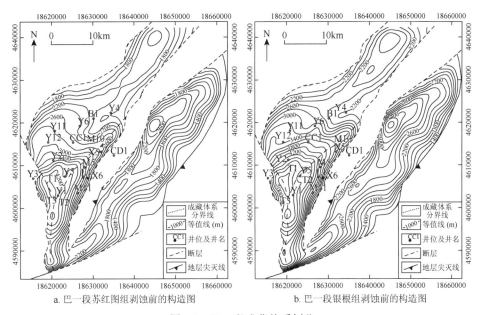

a. 巴一段苏红图组剥蚀前的构造图　　　　b. 巴一段银根组剥蚀前的构造图

图 7.3　巴一段成藏体系划分

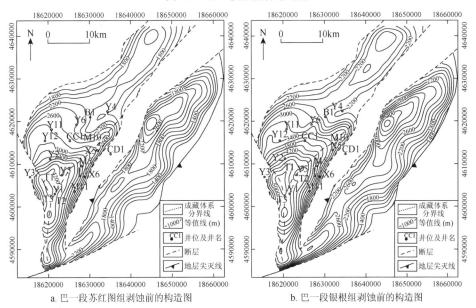

a. 巴一段苏红图组剥蚀前的构造图　　　　b. 巴一段银根组剥蚀前的构造图

图 7.4　巴二段成藏体系划分

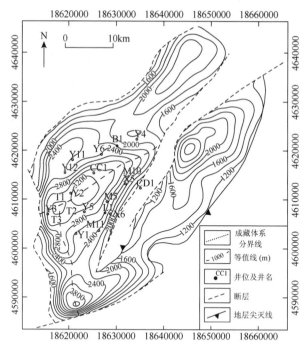

图 7.5　苏一段成藏体系划分

底图为苏一段银根组剥蚀前的构造图

巴一段烃源岩为三大成藏体系供烃，巴润中央构造带和乌力吉构造带两个成藏体系资源量相当，分别为 $0.15 \times 10^8 t$ 和 $0.13 \times 10^8 t$（表 7.5）。对于巴二段烃源岩的资源分配表现为，乌力吉构造带资源量最大，为 $0.93 \times 10^8 t$，其次为巴润中央构造带，为 $0.56 \times 10^8 t$，图拉格陡坡带仅为 $0.14 \times 10^8 t$（表 7.6）。对于苏一段烃源岩资源量分配表现为，油气主要向乌力吉构造带运移，资源量为 $0.22 \times 10^8 t$，向巴润中央构造带运移的资源量仅为 $0.04 \times 10^8 t$（表 7.7）。总的来看，乌力吉构造带是油气运移的主要方向，资源量达到 $1.28 \times 10^8 t$，占总资源量的 57%；其次为巴润中央构造带，资源量为 $0.75 \times 10^8 t$，占总资源量的 34%；图拉格陡坡带资源量最小，仅为 $0.20 \times 10^8 t$，占总资源量的 9%（表 7.8）。

表 7.5　巴一段烃源岩不同成藏体系的资源量　　　　　　　（单位：$10^8 t$）

成藏体系	苏红图组沉积时期		银根组沉积时期		合计	
	排烃量	资源量	排烃量	资源量	排烃量	资源量
乌力吉构造带	0.7	0.07	0.3	0.06	1.0	0.13
巴润中央构造带	1.3	0.13	0.1	0.02	1.4	0.15
图拉格陡坡带	0.4	0.04	0.1	0.02	0.5	0.06
合计	2.4	0.24	0.5	0.10	2.9	0.34

表 7.6 巴二段烃源岩不同成藏体系的资源量 （单位：10^8t）

成藏体系	苏红图组沉积时期		银根组沉积时期		合计	
	排烃量	资源量	排烃量	资源量	排烃量	资源量
乌力吉构造带	2.7	0.27	3.3	0.66	6	0.93
巴润中央构造带	1.4	0.14	2.1	0.42	3.5	0.56
图拉格陡坡带	0.6	0.06	0.4	0.08	1	0.14
合计	4.7	0.47	5.8	1.16	10.5	1.63

表 7.7 苏一段烃源岩不同成藏体系的资源量 （单位：10^8t）

成藏体系	银根组沉积时期	
	排烃量	资源量
乌力吉构造带	1.1	0.22
巴润中央构造带	0.2	0.04
图拉格陡坡带	0	0
合计	1.3	0.26

表 7.8 三套烃源岩不同成藏体系的资源量 （单位：10^8t）

成藏体系	苏红图组沉积时期		银根组沉积时期		合计	
	排烃量	资源量	排烃量	资源量	排烃量	资源量
乌力吉构造带	3.4	0.34	4.7	0.94	8.1	1.28
巴润中央构造带	2.7	0.27	2.4	0.48	5.1	0.75
图拉格陡坡带	1.0	0.10	0.5	0.10	1.5	0.20
合计	7.1	0.71	7.6	1.52	14.7	2.23

7.3 历次资源评价的对比分析

　　本次计算的凹陷油气资源量比以前历次的预测结果有较大的提高。中国石油天然气总公司西北地质研究所(1997)曾采用氯仿沥青"A"法、沉积岩体积速率法、热压模拟产烃率法等方法对查干凹陷的油气资源量进行了计算，其计算结果分别为 $1.86×10^8$t、$1.62×10^8$t 及 $1.89×10^8$t；该研究所于 1997 采用盆地模拟技术计算的凹陷油气资源量为 $1.11×10^8$t；其 1998 年预测查干凹陷的总资源量为 $1.39×10^8$t。

　　本次资源量计算结果有较大幅度增加，主要表现在巴二段有机质的有机碳含量有小幅度增加，巴二段有机质类型有比较明显的改变，使巴二段有机质综合生烃率由以前的 18% 左右，增加到 37.3%，有大幅度的增加，在本次资源评价中生烃率有大幅度的提高。对于以前使用的 II_1、II_2 有机质最大生烃率同为 18%，明显有错误，一般状态下，II_2 有机质最大生烃率为 18%，有一定的正确性，II_1 有机质理论值要比 18% 大得多，II_1 有机质的转化率明显有较大的错误。巴音戈壁组成熟烃源岩的厚度明显比以往评价厚。此外，在使用资料上，1997～1998 年仅有 CC1 井的资料，2001 年中原油田研究院与中国地质大学对该区资源潜力的认识使用了两口井的实际分析资料（CC1 井和 B1 井），本次使用了 28 口井的有机质地球化学分析资料对该区资源评价中各参数进行计算统计获得的地质参数，因此获得的参数可靠性较高（表 7.9）。

表 7.9　查干凹陷历年资源评价使用的参数对比表

阶段	层位	成熟烃源岩面积 /km^2	成熟烃源岩厚度 /km	烃源岩			干酪根热解烃产率 /%	资源量 /(10^8t)		井资料
				有机碳 TOC/%	成熟度 R_o/%	类型		单层	凹陷	
1997～2001 年	K_1s	580	0.15	0.92	0.5～1.0	II_2	18.0	0.32	1.39	1～2 口井
	K_1b	650	0.60	0.70	0.8～1.3	II_1	18.0	1.07		
2013 年	K_1s^1	480	0.13	0.44	0.5～0.8	II_2	19.1	0.26	2.39	28 口井
	K_1b^2	620	0.85	0.79	0.7～1.4	II_1	37.3	1.67		
	K_1b^1	460	0.11	0.72	1.0～3.2	II_1	21.2	0.46		

7.4　油气勘探方向预测

根据以上资源量计算结果，西部次凹的资源量达到 2.23×10^8t，占总资源量的 93%；巴二段烃源岩资源量达到 1.67×10^8t，占查干凹陷总资源量的 70%；乌力吉构造带是油气运移的主要方向，资源量达到 1.28×10^8t，占总资源量的 57%，其次为巴润中央构造带，资源量为 0.75×10^8t，占总资源量的 34%，图拉格陡坡带资源量最小，仅为 0.20×10^8t，占总资源量的 9%。因此，勘探应立足于西部次凹，围绕巴二段烃源岩，重点对乌力吉构造带和巴润中央构造带进行部署。此外，结合凹陷的构造演化、断层活动及圈闭形成时期，乌力吉构造带和巴润中央构造带浅层（K_1s^1 和 K_1s^2）也是有利的油气勘探目标层系。

对于西部次凹的巴一段烃源岩主要在苏红图组沉积时期大量生、排烃，对应资源量为 0.24×10^8t，占总资源量（0.34×10^8t）的 70% 以上，因此，对于该套烃源岩应寻找自生自储的与岩性相关的油气藏。此外，东部次凹的资源量为 0.16×10^8t，占查干凹陷总资源量的 7%，具有一定的资源潜力，可以考虑进行油气勘探。

参 考 文 献

车自成, 刘良, 刘洪福, 等. 1998. 阿尔金断裂系的组成及相关中新生代含油气盆地的成因特征. 地质通报, 17(4): 377-384

陈长春. 1994. 西伯利亚板块旋转漂移运动刍论. 世界地理研究, (1): 67-71

陈墨香. 1988. 华北地热. 北京: 科学出版社

陈荣书, 何生, 王青玲, 等. 1989. 岩浆活动对有机质成熟作用的影响初探——以冀中葛渔成-文安地区为例. 石油勘探与开发, 16(1): 29-38

陈守田, 刘招君, 于洪金. 2004. 海拉尔盆地热演化史研究. 吉林大学学报(地球科学版), 34(1): 85-88

陈义才, 沈忠明, 罗小平. 2007. 石油与天然气有机地球化学. 北京: 科学出版社

崔军平, 任战利. 2011. 内蒙古海拉尔盆地乌尔逊凹陷现今地温场特征. 现代地质, 25(4): 589-593

崔军平, 任战利, 肖晖, 等. 2007. 海拉尔盆地地温分布及控制因素研究. 地质科学, 42(4): 656-665

戴鸿鸣, 王顺玉, 陈义才. 2000. 油气勘探地球化学. 北京: 石油工业出版社

丰国秀, 陈盛吉. 1988. 岩石中沥青反射率与镜质体反射率之间的关系. 天然气工业, 20(3): 20-25

郝芳, 孙永传, 李思田, 等. 1996. 活动热流体对有机质热演化和油气生成作用的强化. 地球科学, 1: 71-75

何丽娟. 1999. 辽河盆地新生代多期构造热演化模拟. 地球物理学报, 42(1): 62-68

何丽娟, 熊亮萍, 汪集旸. 1998. 南海盆地地热特征. 中国海上油气(地质), 13(2): 87-90

侯贵廷, 钱祥麟, 蔡东升. 2001. 渤海湾盆地中、新生代构造演化研究. 北京大学学报(自然科学版), 37(6): 845-851

侯贵廷, 钱祥麟, 宋新民. 1998. 渤海湾盆地形成机制研究. 北京大学学报(自然科学版), 34(4): 503-509

胡复唐. 1997. 砂砾岩油藏开发模式. 北京: 石油工业出版

胡圣标, 汪集旸. 1995. 沉积盆地热体制研究的基本原理和进展. 地学前缘, 2(3-4): 171-180

胡圣标, 张容燕, 周礼成. 1998. 油气盆地地热史恢复方法. 勘探家, 3(4): 52-55

胡圣标, 张荣燕, 罗毓晖, 等. 1999. 渤海盆地地热历史及构造-热演化特征. 地球物理学报, 42(6): 748-755

胡圣标, 何丽娟, 朱传庆, 等. 2008. 海相盆地热史恢复方法体系. 石油与天然气地质, 29(5): 607-613

黄第藩. 1984. 陆相有机质演化和成烃机理. 北京: 石油工业出版社

霍秋立. 2007. 松辽盆地徐家围子断陷深层天然气来源与成藏研究. 大庆: 大庆石油学院博士学

位论文

李三忠，索艳慧，戴黎明，等. 2010. 渤海湾盆地形成与华北克拉通破坏. 地学前缘，17(4)：
　　64-89

刘春晓，张晓花. 2011. 二连盆地白音查干凹陷古地温与油气生成的关系. 山东科技大学学报
　　（自然科学版），23(3)：12-20

刘德汉，史继扬. 1994. 高演化碳酸盐烃源岩非常规评价方法探讨. 石油勘探与开发，21(3)：
　　113-115

刘银河. 1992. 海拉尔盆地地热演化史及油气生成特征. 大庆石油地质与开发，11(04)：7-14

刘永江，葛肖虹，Genser J，等. 2003. 阿尔金断裂带构造活动的 $^{40}Ar/^{39}Ar$ 年龄证据. 科学通报，
　　48(12)：1335-1341

柳广弟，赵文智，胡素云，等. 2003. 油气运聚单元石油运聚系数的预测模型. 石油勘探与开发，
　　30(5)：53-55

卢双舫，张敏. 2008. 油气地球化学. 北京：石油工业出版社

马安来，张大江. 2002. 压力对镜质组反射率与烃类生成的影响. 地质地球化学，30(1)：85-90

庞雄奇，金之钧，姜振学，等. 2003. 油气成藏定量模式. 油气成藏机理研究系列丛书（卷八）. 北
　　京：石油工业出版社

邱楠生. 2001. 柴达木盆地现代大地热流和深部地温特征. 中国矿业大学学报，30(4)：412-415

邱楠生. 2002. 中国西北部盆地岩石热导率和生热率特征. 地质科学，37(2)：196-206

邱楠生. 2005. 沉积盆地地热历史恢复方法及其在油气勘探中的应用. 海相油气地质，10(2)：45-51

邱楠生，金之钧，李京昌. 2002. 塔里木盆地热演化分析中热史波动模型的初探. 地球物理学报，
　　45(03)：398-406

邱楠生，胡圣标，何丽娟. 2004. 沉积盆地热体制研究的理论和应用. 北京：石油工业出版社

邱楠生，李慧莉，金之钧. 2005. 沉积盆地下古生界碳酸盐岩地区热历史恢复方法探索. 地学前
　　缘，12(4)：561-567

邱楠生，汪集暘，梅庆华，等. 2010. (U-Th)/He 年龄约束下的塔里木盆地早古生代构造-热演化.
　　中国科学：地球科学，12：1669-1683

任战利，张小会，刘池洋，等. 1995. 花海-金塔盆地生油岩古温度的确定指明了油气勘探方向.
　　科学通报，40(10)：921-923

任战利. 1998. 中国北方沉积盆地构造热演化史恢复及其对比研究. 西安：西北大学博士学位
　　论文

任战利，刘池阳，张小会，等. 2000a. 酒泉盆地群热演化史恢复及其对比研究. 地球物理学报，
　　43(5)：635-645

任战利，刘池阳，张小会，等. 2000b. 酒东盆地热演化史与油气关系研究，沉积学报，18(4)：
　　619-623

宋子齐，王浩，赵磊，等. 2002. 灰色系统储盖组合精细评价的分析方法. 石油学报，23(4)：

35-41

宋子齐，王浩，赵磊，等.2003. 克拉玛依油田八区克上组砾岩油藏参数及剩余油分布. 大庆石油地质与开发，22(3)：28-31

汪洋，汪集旸，熊亮萍，等.2001. 中国大陆主要地质构造单元岩石圈地热特征. 地球学报，22(1)：17-22

王民，卢双舫，薛海涛，等.2010. 岩浆侵入体对有机质生烃(成熟)作用的影响及数值模拟. 岩石学报，26(1)：177-184

王世成，袁万明，王兰芬.1999. 花海拗陷的热演化和生烃期的磷灰石裂变径迹证据. 地球学报，20(4)：428-432

王志林，李百祥.2007. 酒东盆地地温场特征及肃州城区地热开发可行性分析，甘肃地质，16(1)：61-66

卫平生，张虎权，陈启林.2006. 银根-额济纳旗盆地油气地质特征及勘探前景. 北京：石油工业出版社：50-51

伍新和.2000. 包裹体研究在油气截劫探中的应用. 天然气勘探与开发，23(3)：29-34

谢明举，邱楠生.2008. 镜质体反射率异常偏低的介质条件探讨. 西南石油大学学报(自然科学版)，30(1)：11-13

许志琴，杨经绥，李海兵，等.2011. 印度-亚洲碰撞大地构造. 地质学报，85(1)：1-33

许志琴，杨经绥，张建新，等.1999. 阿尔金断裂两侧构造单元的对比及岩石圈剪切机制. 地质学报，73(3)：193-205

杨纪林.2011. 试论中国内陆板块运动演化及与地震的关系. 内陆地震，25(2)：109-119

张厚福，方朝亮，高先志.2007. 石油地质学. 北京：石油工业出版社

张健，石耀霖.1997. 沉积盆地岩浆侵入的热模拟. 地球物理学进展，12(3)：55-63

张菊明，熊亮萍.1986. 有限元方法在地热研究中的应用. 北京：科学出版社

赵林，贾蓉芬，秦建中，等.1998. 二连盆地侏罗系地层热演化史研究. 地球化学，27(6)：592-598

钟福平，钟建华，王毅，等.2011. 银根-额济纳旗盆地苏红图坳陷早白垩世火山岩对阿尔金断裂研究的科学意义. 地学前缘，18(3)：233-240

左银辉，马维民，邓已寻，等.2013a. 查干凹陷中、新生代热史及烃源岩热演化. 地球科学(中国地质大学学报)，38(3)：553-560

左银辉，邓已寻，饶松，等.2013b. 查干凹陷大地热流. 地球物理学报，56(9)：3038-3050

Araujo L M，Ceraueira J R. 2000. The typical Permian petroleum system of the Parana basin，Brazil// Mello M R，Katz B J(eds). Petroleum Systems of South Atlantic Margins. AAPG Memoir，73：377-402

Barker C E，Pawlewicz M J. 1986. The correlation of vitrinite reflectance with maximum temperature in humic organic matter. Paleogeothermics Lecture Notes in Earth Sciences，5：79-93

Brandon M T，Vance J A. 1992. Tectonic evolution of the Cenozoic Olympic Subduction Complex，

Washington State, as deduced from fission track ages for detrital zircons. American Journal of Science, 292: 565-636

Burnham A K, Sweeney J J. 1989. A chemical kinetic model of vitrinite maturation and reflectance. Geochimica et Cosmochimica Acta, 53(10): 2649-2657

Cannan J. 1974. Time-tempreture relation in oil genesis. AAPG Bulletin, 58(21): 2516-2521

Carlson W D, Donelick R A, Ketcham R A. 1999. Variability of apatite fission track annealing kinetics: I. Experimental results. American Mineralogist, 84(2): 1213-1223

Carr A D. 1999. A vitrinite reflectance kinetic model incorporating overpressure retardation. Marine and Petroleum Geology, 16(4): 355-377

Chapman D S, Keho T H, Michael S, et al. 1984. Heat flow in the Uinta Basin determined from bottom hole temperature(BHT) data. Geophysics, 49(4): 453-466

Cosenza P, Guérin R, Tabbagh A. 2003. Relationship between thermal conductivity and water content of soils using numerical modeling. European Journal of Soil Science, 54: 1-7

Coyle D A, Wagner G A. 1998. Positioning the titanite fission track partial annealing zone. Chemical Geology, 149: 117-125

Donelick R A, Ketcham R A, Carlson W D. 1999. Variability of apatite fission track annealing kinetics: II. Crytallographic orientation effects. American Mineralogist, 84(2): 1224-1234

Dow W G. 1977. Kerogen studies and geological interpretations. Journal of Geochemical Exploration, 7: 79-99

Egan S S. 1992. The flexural iostatic response of the lithosphere to extensional tectonics. Tectonophysics, 202: 291-308

England W A, MaCkewzie A S, Mann D M, et al. 1987. The movement and entrpment of petroleum fluids in the subsurface. J. Ged. Soc. London, 144: 327-347

Farley K A, Wolf R A, Silver L T. 1996. The effects of long alpha-stopping distances on(U-Th)/He ages. Geochimica et Cosmochimica Acta, 60(21): 4223-4229

Fernandes P, Rodrigues B, Borges M, et al. 2013. Organic maturation of the Algarve Basin(southern Portugal)and its bearing on thermal history and hydrocarbon exploration. Marine and Petroleum Geology, 46: 210-233

Fernandez M, Ranalli G. 1998. The role of rheology in extensional basin formation modeling. Tectonophysics, 282: 129-145

Fjeldskaar W, Helset H M, Johansen H, et al. 2008. Thermal modeling of magmatic intrusions in the Gjallar Ridge, Norwegian Sea: Implications for vitrinite reflectance and hydrocarbon maturation. Basin Research, 20(1): 143-159

Frédéric B, David S C, Sylvie L D. 1990. Estimating thermal conductivity in sedimentary basins using lithologic data and geophysical well logs. AAPG Bulletin, 74(9): 1459-1477

Galushkin Y I. 1997. Thermal effects of igneous intrusions on maturity of organic matter: A possible mechanism of intrusion. Organic Geochemistry, 26(11-12): 645-658

Gleadow A J W, Duddy I R, Lovering J F. 1983. Fission track analysis: A new tool for the evaluation of thermal histories and hydrocarbon potential. Australian Petroleum Exploration Association Journal, 23: 93-102

Guedes S, Joncheere R, Moreira P A F P, et al. 2008. On the calibration of fission track annealing models. Chemical Geology, 248: 1-13

He L J. 2014. Numerical modeling of convective erosion and peridotite-melt interaction in big mantle wedge: implications for the destruction of the North China Craton. Journal of Geophysical Research, 119(4): 3662-3677

He L J, Wang J Y. 2004. Tectono-thermal modelling of sedimentary basins with episodic extension and inversion, a case history of the Jiyang Basin, North China. Basin Research, 16(4): 587-599

Houseman G, England P. 1986. A dynamical model of lithosphere extension and sedimentary basin formation. Journal of Geophysical Research, 91: 719-729

Hu S, Fu M, Yang S, et al. 2007. Palaeogeothermal response and record of Late Mesozoic lithospheric thinning in the eastern North China Craton//Zhai M G, Windley B F, Kusky T M(eds). Mesozoic Sub-Continental Lithospheric Thinning Under Eastern Asia London(Spec): Geological Society, 280: 267-280

Irina M A. 2006. Global 1°×1° thermal model TC1 for the continental lithosphere Implications for lithosphere secular evolution. Tectonophysics, 416: 245-277

Isser D R, Beaumont C. 1989. A Finite Element Model of the Subsidence and Thermal Evolution of Extensional Basins: Application to the Labrader Continental Margin, Thermal History of the Sedimentary Basins. New York: Springer-Verlag: 239-268

Jacob H. 1989. Classification, structure, genesis and practical importance of natural solid oil bitumen. International Journal of Coal Geology, 11(1): 65-79

Jarvis G T, McKenzie D P. 1980. Sedimentary basin formation with finite extension rates. Earth and Planetary Science Letters, 48: 42-52

Jougout D, Revil A. 2010. Thermal conductivity of unsaturated clay-rocks. Hydrology and Earth System Sciences, 14: 91-98

Journel A G. 1998. Stochastic modelling of a fluvial reservoir: a comparative review of algorithms. JPSE, 14(2): 95-121

Karsen D A, Nedkvitne T, Laner S R, et al. 1993. Hydrocarbon composition ofauthigenic inclusioas: application to elucidation of petroleum reservoir filking history. Geacheica et Cosmochimica Acta, 57: 3641-3659

Keen C E, Dehler S A. 1993. Stretching and subsidence: rifting of conjugate margins in the North

Atlantic region. Tectonics，12：1219-1229

Ketcham R A，Carter A，Donelick R A，et al. 2007. Improved modeling of fission-track annealing in apatite. American Mineralogist，92(5-6)：799-810

Ketcham R A，Donelick R A，Carlson W D. 1999. Variability of apatite fission track annealing kinetics extapolation to geological time scales. American Mineralogist，84(2)：1235-1255

Laslett G M，Green P F，Duddy I R，et al. 1987. Thermal annealing of fission tracks in apatite，2. A quantitative analysis. Chemical Geology，65：1-13

Lippolt H J，Leitz M，Wernicke R S. 1994. (Uranium+thorium)/helium dating of apatite：experience with samples from different geochemical environments. Chemical Geology，112(2)：179-191

Liu M，Cui X，Liu F. 2004. Cenozoic rifting and volcanism in eastern China：a mantle dynamic link to the Indo-Asian collision? Tectonophysics，393(1-4)：29-42

Macpherson G L. 1992. Regional variations in formation water chemistry：major and minor elements，Frio Formation fluids，Texas. AAPG Bulletin，76：740-757

McCormack N，Clayton G，Fernandes P. 2007. The thermal history of the Upper Palaeozoic rocks of southern Portugal. Marine and Petroleum Gology，24：145-150

McKenzie D. 1978. Some remarks on the development of sedimentary basins. Earth and Planetary Science Letters，40(1)：25-32

Menzies M，Xu Y G，Zhang H F，et al. 2007. Integration of geology，geophysics and geochemistry：a key to understanding the North China Craton. Lithos，96(1-2)：1-21

Morgan P. 1982. Heat flow in rift zone，continental and oceanic rifts. Geodynamics Series，8：357-362

Northrup C，Royden L. 1995. Motion of the Pacific plate relative to Eurasia and its relation to Cenozoic extension along the eatern margin of Eurasia. Geology，23(8)：719-722

Prinon J，Pagel M，Walgenwitz F，et al. 1995. Organicinclusions in salt. Par 2：oil，gas and ammonium inclusions from the cabonmargin. Organic Geochemistry，23：739-750

Qiu N S，Chang J，Li J W，et al. 2012b. New evidence on the Neogene uplift of South Tianshan constraints from the (U-Th)/He and AFT ages of borehole samples of the Tarim basin and implications for hydrocarbon generation. International Journal of Earth Sciences，101(6)：1625-1643

Qiu N S，Chang J，Zuo Y H，et al. 2012a. Thermal evolution and maturation of lower Paleozoic source rocks in the Tarim Basin，northwest China. AAPG Bulletin，96(5)：789-821

Qiu N S，Zuo Y H，Chang J，et al. 2014. Geothermal evidence of Mesozoic and Cenozoic lithosphere thinning in the Jiyang sub-basin，Bohai Bay Basin，eastern North China Craton. Gondwana Research，26：1079-1092

Reiners P W. 2005. Past，present，and future of thermochronology. Reviews in Mineralogy and Geochemistry，58：1-18

Reiners P W, Farley K A, Hickes H J. 2002. He diffusion and (U-Th)/He thermochronometry of zircon: Initial results from Fish Canyon Tuff and Gold Butte. Tectonophysics, 349: 297-308

Royden L, Keen C. 1980. Rifting process and thermal evolution of the continental margin of eastern Canada determined from subsidence curves. Earth and Planetary Science Letters, 51: 343-361

Rudnick R L, McDonough W F, O'Connell R J. 1998. Thermal structure, thickness and composition of continental lithosphere. Chemical Geology, 145: 395-411

Sahu H S, Raab M J, Kohn B P, et al. 2013. Thermal history of the Krishna–Godavari basin, India: Constraints from apatite fission track thermochronology and organic maturity data. Journal of Asian Earth Sciences, 73(5): 1-20

Sclater J G, Christie P A F. 1980. Continental stretching: an explanation of the post-Mid-Cretaceous subsidence of the central North Sea Basin. Journal of Geophysical Research, 85: 3711-3739

Sleep N H, Snell N S. 1976. Thermal contraction and flexure of midcontinent and Atlantic marginal basins. Geophysical Journal of the Royal Astronomical Society, 45: 125-154

Stagpoole V, Funnell R. 2001. Arc magmatism and hydrocarbon generation in the northern Taranaki Basin, New Zealand. Petroleum Geoscience, 7(3): 255-267

Stefánsson V. 1997. The relationship between thermal conductivity and porosity of rocks//Middleton M. The Nordic Petroleum Technology III, 201-219

Sweeney J J, Burnham A K. 1990. Evaluation of a simple model of vitrinite reflectance based on chemical kinetics. AAPG Bulletin, 74(10): 1559-1571

Wang S J, Hu S B, Li T J, et al. 2000. Heat flow in Junggar basin. Chinese Science Bulletin, 45(19): 1808-1813

Waples D W. 1980. Time and temperature in petroleum formation: application of Lopatin's method to petroleum exploration. AAPG Bulletin, 64(6): 916-926

Warnock A C, Zeitler R A, Wolf B C S. 1997. An evaluation of low-temperature apatite U-Th/He thermochronometry. Geochimica et Cosmochimica Acta, 61(24): 5371-5377

Wdrrall D, Kruglyak V, Kunst F, et al. 1996. Tertlary tecetonies of the sea ofokhotsk, Russia: Far-field effeets of the India-Eurasia collision. Teetonies, 15(4): 813-826

Wernicke B. 1985. Uniform-sense normal sense simple-shear of the continental lithosphere. Canadian Journal of Earth Science, 22: 108-125

Wolf K A F K. 1998. Modeling of the temperature sensitivity of the apatite(U-Th)/He thermochronometer. Chemical Geology, 148(2): 105-114

Wolf R A F K. 1996. Helium diffusion and low-temperature thermochronometry of apatite. Geochimica et Cosmochimica Acta, 60(21): 4231-4240

Zeitler P K, Herczeg A L, Mcdougall I, et al. 1987. U-Th-He dating of apatite: A potential thermochronometer. Geochimica et Cosmochimica Acta, 51(2): 2865-2868

Zuo Y H，Qiu N S，Zhang Y，et al. 2011. Geothermal regime and hydrocarbon kitchen evolution of the offshore Bohai Bay basin，North China. AAPG Bulletin，95 (5)：749-769

Zuo Y H，Qiu N S，Pang X Q，et al. 2013. Geothermal evidence of the Mesozoic and Cenozoic lithospheric thinning in the Liaohe depression. Journal of Earth Science，24 (4)：529-540

Zuo Y H，Qiu N S，Hao Q Q，et al. 2014. Present Geothermal Fields of the Dongpu Sag in the Bohai Bay Basin. Acta Geologica Sinica (English Edition)，88 (3)：915-930

Zuo Y H，Qiu N S，Hao Q Q，et al. 2015. Geothermal regime and source rock thermal evolution history in the Chagan sag，Inner Mongolia. Marine and petroleum Geology，2015，59：245-267